U0948449

精神分析的新方向

Karen Danielsen Horney

New Ways In Psychoanalysis

KH

〔美国〕卡伦·霍尼 著
梅 娟 译

译林出版社

目 录

前　言

我对当前心理治疗结果不甚满意，因而生出写作此书的动机，在这本书里我将对精神分析理论做出批评，并重估其价值。我发现几乎每一位患者，都会给我们提出这样或那样的问题，而这些问题以我们现有的精神分析知识似乎远不足以解决。

一开始，我把这种迷惑归咎于经验不足，或有理解方面的盲点，就如大多数心理分析家一样。我甚至忘了是如何缠着那些比我有着更多经验的同事，向他们求教一些问题的。比如，弗洛伊德是如何理解“自我”的？或者，他们自己又是如何理解“自我”的？再比如，性虐狂冲动和“肛门‘力比多’”为何有着难以分开的内在联系？如此之多的取向为何都被看作同性恋的潜在表现行为？可惜，直至现在我也没有得到比较满意的解释。

读弗洛伊德的女性心理学概念时，我初次自发地对精神分析理论产生了怀疑。然后，又是因为读弗洛伊德对死亡本能的假定，而令这种质疑更深。不过，我开始用批评的眼光思考精神分析理论，已经是几年以后的事情了。

正如读者将在整部书中看到的，你一旦陷入弗洛伊德那些逐渐发展完善起来的理论当中，将很难不被其左右，因为那些理论是如此地能够自圆其说。只有当你对这些富有争议性的理论了解之后——而整个体系都是在这些理论的基础上建立的——你才能更清晰地认识到错误的根源，即各个具体理论是如何被埋下错误的种子的。我可以很坦率地说，我有资格在本书中对弗洛伊德的理论进行批评，因为十五年来我一直在用他的理论。

对于正统的精神分析，不仅是普通人，就是精神病专家也都有着莫名的反感。这并不单纯是因为大家所认为的情感上的困惑，更是因为这些理论确实饱受争议。但是，令人遗憾的是，反对者们往往对精神分析全盘否定，不仅将精神分析中值得商榷的部分抛弃，甚至连那些可信的部分也弃之如敝履，另外，同时也否定了精神分析所能提供的真知灼见。我发现，对于精神分析理论越是抱着批判的态度，就越能认识到弗洛伊德基本原理的独特建树，理解心理问题的方法与道路也就越多。

所以，本书不是以挑剔精神分析的弊病为宗旨，而是力图通过减少可争议因素，使精神分析发挥出它的最大潜能。在不断探求理论和实践的基础上，我得出这样的信心：如果我们能摆脱由历史的局限性决定的理论基础，并摒弃在此基础上得出的理论，我们就可以将理解范围拓展得更为宽广。

总而言之，精神分析不应该只局限在本能和遗传心理学的范畴内。就后者来说，弗洛伊德更倾向于把人们后期的怪癖看成是儿童时期欲望或反应的直接重复。他因此认为，若想消除后期的干扰，只需要阐明这种内在的儿童经历就可以了。可是，如果我们能够放下这种偏见，不再一味地强调这种成因模式，那么我们就会认识到后期的种种怪异行为或癖好和早期经历的关系，远比弗洛伊德的想象更为复杂，说“孤立地重复已往的某些孤立的经历”就更加不太可能了。无论何种性格结构，都是由儿童期所有经历的整体所决定，而正是这种性格结构导致了以后的一些问题。因此，对性格结构的分析，要从实际出发，要以现实为依据，这一点尤为重要。

对于现有精神分析的惯性倾向来说，如果把性格趋向与环境的改变相联系，而不再看作本能冲动的最终结果，那么问题的重点就会落在塑造性格的生活环境上。事实上，我们不得不重新寻找导致精神冲突的环境因素，所以，精神神经质的主要根源，当是来自于人际关系的不和谐。在这种趋势下，一种以社会学为主的定位模式，取代了以解剖生理学为主的定位模式。我们如果能够站在另一个角度考虑，而排除片面的“力比多”理论中的愉悦原则，就会发现人对安全的追求显然更为重要一些，正是基于对安全的追求，焦虑才会产生，因而我们对焦虑需要有新的认知观念。可以说，造成精神神经质的原因，既不是俄狄浦斯情结，也不是儿童期的愉悦追求，而是令孩子感到无助、脆弱，觉得世界是存在有潜在威胁的所有的负面影响力。儿童因为害怕这种潜在的危险，为了获得安全感，便要形成某种神经质的倾向来对抗这个世界。所谓的自恋倾向、受虐倾向或完美主义倾向，只是孩子们设法走出充满未知危险世界的一种尝试，而并非是由本能冲动所引发的。所以说，精神神经质所表现出的焦虑，并不是“自我”对本能冲动被压倒的恐惧，也不是“自我”被假想中的“超我”所惩罚的颓丧，而是因为其特定的安全保护系统不能够正常工作的结果。

在接下来的各章节中，我们将分别讨论这些观点的基本变化对精神分析具体概念的影响。这里我们可以先做一个大概的介绍。

首先，我们不再将性问题当作精神神经质的动因，尽管性问题有时确实是精神神经质的主要症状，但是与其说是性方面的困窘造成了精神神经质性格结构，不如说它是精神神经质的结果表现。

其次，道德问题将被格外重视起来。乍看，患者与人争斗的道德问题只会把人引入死胡同，但必须澄清的是，这些只是呈现于表面的虚假的道德问题。患者应当正视每一种精神神经质所涉及的道德问题，并试着去解决它们。

最后，我们不再把“自我”视为实现或压抑本能冲动的工具，如此一来，意志、评判和决断等人类的能力将再次回归其应有的地位。与此同时，弗洛伊德所描述的“自我”将被看作一种神经质现象，而不再是普遍现象。我们不得不承认，精神神经质产生和延续的最主要根源，就是这种发乎本能的个人的自我扭曲。

因此，精神神经质实际上是当人陷入困境时所呈现出的一种特殊的求生方式，精神神经质的本质包括来自自我的，或来自他人的困扰，以及由此而产生的各种冲突，我们把重点转移到了造成神经质的根源的所在。这种转移使得精神分析治疗的任务大大放宽。帮助患者控制自己的本能不再是我们的宗旨，而尽量减轻他们的焦虑直到摆脱神经质倾向才是我们的新目标。另外，我们还有一个新的精神治疗目标，就是帮助患者恢复自我，重新焕发他们的自发性，找到自己身上的精神重心。

有人说当作家创作一本书的时候，他自己才是这本书的最大获益者。我很赞同这一说法，因为我确实感觉到自己在撰写这本书的时候收获良多。对于思想的必要性的系统阐述，已经令我所要阐述的思想清晰明了。至于能否令别人也开卷有益，我现在还不敢说大话。不过我想，和我一样，很多精神分析者和精神病学家都曾有过这样的经历，对于众说纷纭的各家观点存有疑惑，不知它们到底是否正确。我并不期待他们能接受我的理论观点，因为它们并不完整，而且也不是已臻成熟的最终形态，更不是所谓的精神分析领域的“新学派”。我能做的只是把我的想法准确地传递给读者们，让他们来检验这些观点的真伪。我希望本书有助于那些以严肃的态度把热忱置于将心理分析应用在教育、社会工作和人类学的人们，希望能够帮助他们看清楚自己正在面临的问题。最后，无论是精神病学者还是普通民众，但凡拒绝把精神分析当作一种新奇而有待完善的理论结构的人们，我希望他们都能够通过阅读本书而对这门学科有一个全新的认知：精神分析有着内在的因果逻辑，是一门能帮助我们认识并理解自己的科学，也是一种了解他人的极富建设性的工具，具有非同寻常的应用价值。

当我对精神分析理论产生怀疑，对于它们的正确性不再笃定的时候，多亏有两位同事及时地给予我鼓励和启发。他们就是霍洛德·舒尔茨－汉克和威尔汉姆·莱西。舒尔茨－汉克曾对孩童时期记忆的治疗效果提出质疑，他强调有必要对冲突发生时的实际情境进行分析。虽然莱西当时正在潜心研究“力比多”理论，但他指出，应当首要分析神经质患者已经形成的防御型性格倾向。

相比而言，在我形成批判态度的过程中，其他因素对我的影响倒不是很大。我能了解弗洛伊德思想观点的基本依据，要归功于迈克斯·霍克海默的一些对于哲学概念的论著。这个国家向来有追求自由的传统，这使得我在接受精神分析理论时可以有自己的选择，正因为这样，我才有勇气沿着我认为正确的道路一路前行。除此之外，我熟悉了另一种文化，它在许多方面都与欧洲文化不同，我有幸意识到多数神经质冲突跟文化背景有着密切的关联。艾力西·弗洛姆的著作又扩展了我在这方面的知识，他在他的讲座或论文中每每批评弗洛伊德在文化定位方面的不足。同时，有关个体心理方面的问题，他也给了我新的启发。然而令人叹息的是，我写这本书的时候，弗洛姆先生尚未发表他对社会因素在心理学中的重要性的阐述，不然的话我就可以引用他的许多论证了。

我还要借此机会感谢承担本书的编辑工作的伊丽莎白·托德小姐，她建议我如何更好地组织材料；另外，她的评论也非常具有建设性，这两者对我的帮助都很大。我还要感谢我的秘书玛丽·莱弗太太，她工作时从不懈怠，还给予我善意的理解和包容，对我来说这些都是异常珍贵的。最后我要感谢的是爱丽丝·舒尔茨小姐，她在英语理解方面对我帮助很大。

第一章　精神分析的基本概念

关于弗洛伊德心理学的基本原则构成，人们说法不一。有的人说，它是一种使心理学成为一门自然科学，将人类的情感与欲望最终归结到源头“本能”的野心；有的人说，它是一种令大家恼羞成怒的性理论的延伸；有的人说，它意在诠释俄狄浦斯情结具有普遍性；也有的人说，它是在把人性分为“自我”“本我”和“超我”的前提下建立的；还有的人说，它企图通过唤起患者的早期经历，而达到治疗心理疾病的效果，其理论依据是：人一生中的诸多行为模式，其实只是童年生活模式的不断重复。

很显然这些都是弗洛伊德心理学的重要组成部分，只是孰重孰轻就要仁者见仁、智者见智了。正如我们接下来将会看到的：这些理论都有令人质疑的地方。它们并不是它的核心，而只是历史的发展进程中所必须承担的包袱。

那么，弗洛伊德心理学及精神病学中具有开创性的、长期被应用的有效观点有哪些呢？请恕我冒昧地预测它的发展。可以概括地说，如果我们不是把弗洛伊德心理学的基本概念应用于指导我们观察现象和思考问题这些方面的话，在心理学及心理治疗领域从一开始就将不会发现任何有价值的东西，就是说，如果我们摒弃了弗洛伊德的这些原则，我们将不可能拥有任何有价值的新发现。

要提出这些基本概念可谓困难重重，其中的一个难题就是，每每它们都会同一些并未确凿的学说混杂在一起，使人难以辨清它的身影。所以，要想指出这些概念的根本宗旨，就必须排除某些理论的影响。它的表述貌似通俗，可实际上却是有意识地去尝试阐明其基本原则。

我认为在弗洛伊德的学术贡献当中，最重要和最本质的学说是，弗洛伊德认为精神活动受到严格制约，行为和情感也可能受到无意识动机的制约，是各种情感的力量在驱动我们。我认为弗洛伊德最基本的、最重要的研究成果就是这些原理。我们可以从其中任何一点将之展开，因为这些原理相互间的联系非常紧密。我觉得最应该放在首位的便是无意识动机原理，这个原理被大家普遍认可，但是大家又未必能够全面掌握其中的内涵。如果人们未能明了自己潜在的态度和目标，没有经历过这样的发现自己巨大潜力的过程，那么理解这个概念的时候确实会比较困难。

精神分析评论家称，我们无法揭示患者完全意识不到的东西，实际上，我们发现的患者或多或少都能够感觉到这类东西的存在，只不过他们并未意识到它对自己的生活所造成的影响有多重要而已。为了将这个问题阐述清楚，我们进一步说明，首先让我们回顾一下迄今为止所发生的事情，当一种无意识的态度被揭示之后将会发生什么？有这样一个具有代表性的例子：经过分析情境条件下的观察后，分析者告诉一位患者，说他看上去好像有种强迫自己永远正确的倾向，他总是要求自己不犯错误，要求自己对事物的了解必须比其他人深刻，这一切都隐藏在理性的怀疑主义的背后。当患者感到分析者的话有些道理时，他便会主动去回想与这个暗示相关的事情，比如说他在读侦探小说时对于大侦探的观察力和百发百中的推导能力感到震惊；在上中学的时候，他怀揣着宏图大志；他不擅长争论，并且总是容易被别人的意见所左右，但是又会花好几个钟头去反复斟酌想说而又没有说出的话；某一次他只因为看错了时间表，就感到非常难过；在聊天和写作的时候，他总是避开那些并无确凿证据的事，若非如此他早已著书多部；他对任何形式的批评都非常敏感；他经常对自己的智力感到不满足；当他在观看魔术师表演的时候，因为未能看出其中的玄机，就会感到非常疲惫。

哪些是患者意识到的，哪些又是他没有意识到的呢？或许某些时候他意识到了“不犯错误”这种动机对他的支配，但是他并没有察觉到这种态度对他的生活有多么重大的影响。他一直把它当成一种不值一提的小毛病，却不知道某些重要的反应和抑制以某种途径与它息息相关。当然，他也弄不明白为什么会要求自己必须永远正确。这意味着，有些重要的东西患者是没有意识到的。

对于无意识动机的其他看法，是从一种非常形式主义的立场出发的。称说意识到一种态度，不仅仅要包括知道它的存在，还要包括知道它的威力、效果，以及产生的结果和具有的功能等。没有这些，便代表着这种态度仍处于无意识状态，即便有的时候一些零星的知识也可能达到有意识状态。另有一种见解，说我们永远也不可能发现真正的无意识倾向。不过，无数的事实证明，这个论点站不住脚。例如，某位患者有意识地采取一种友好的态度对待其他人。其实他能感觉到自己已经意识到了这一点，只是不愿承认而已。如果我们再向他进行暗示：他对别人的主导态度是鄙视。对他而言，这种暗示已不会成为全新的启示了。其实偶尔地他自己也清楚自己会鄙视别人，只不过意识不到鄙视的程度达到何种地步而已。然而，如果我们告诉他，其实是因为他本身就倾向于轻视别人，所以才有了这种鄙视，那么反倒会令他感到惊奇。

弗洛伊德的无意识动机概念，其最重要的部分在于这种动机的两个特殊方面，而并不是在于宣示这种无意识过程的存在。第一个特殊方面是，它揭示出人们把欲望从意识当中排除出去，或者刻意拒绝某种欲望进入意识，并不能阻止它的存在，也并不能杜绝它发挥效用。如果是这样，那就意味着我们有时候会突然感到不高兴或不满意，但却想不通为什么会这样；也意味着有时候我们做出了一项非常重要的决定，却不知道为什么会做出这种决定；还意味着我们不知道是什么力量在左右着我们的爱好、信仰和依恋。第二个特殊方面是，它揭示出如果我们抽离某些理论的内涵，无意识动机之所以仍然处于无意识的状态，是因为我们本身并不想知道这种动机的存在，以及它是什么。无论从临床角度去看，还是从理论角度去看，第二个特殊方面的原理无疑是理解精神现象的关键。它意味着，因为我们的某种兴趣爱好本身存在问题，所以任何揭示无意识动机的尝试都会为我们带来一场战争。简单来说就是“抵抗”，这个概念对心理治疗具有极其重大的意义。相比之下，需要将其与意识隔离的兴趣爱好究竟是什么，对我们而言就显得不那么重要了，尽管大家各有各的观点，我却觉得没必要去深究。

当无意识活动过程，以及它的作用被印证并被接纳之后，弗洛伊德才做出另一个基本理论假设，它也是一种非常有效并富有建设性的假设，这一点已经获得证明。这个理论假设就是，与生理活动过程一样，精神活动过程同样受到严格的制约。它表明，先前一直被认为是解释不清的、偶然的东西，其实是可以进行分析解释的，比如梦境、幻想、习惯性错误等。这种理论也可以帮助我们从心理的角度去深入了解一些现象，比如是何种精神基础导致焦虑呈现于梦境，手淫能对精神造成哪些影响，歇斯底里症发作的诱因是什么，是哪些精神因素引起了官能性疾病抑或导致疲劳，等等。这些现象从前无一例外都以器官性刺激来笼统解释。

以往的这些被划归入外界因素的现象，并不能让心理学领域的人们引起兴趣，但是现在也终于有了一条建设性的分析解决途径。比如，对于曾经被认为是上天安排的某些反复出现的事件，如何由对偶然事件产生影响的精神因素，形成或维持某种习惯的精神力量，来对它们进行精神上的理解。

弗洛伊德思考这类问题的意义，更大的在于为人们理解这类问题提供了途径，而并不在于他所提出的解决这些问题的办法。比如强迫性重复，我觉得就不是什么令人满意的解决办法。实际上精神活动过程受制于某些因素，这个原理是我们开展日常工作的基础，如果没有它，我们在进行精神分析的时候便步履维艰，更不要说去理解患者的各种反应了。它令我们认识到，有可能我们所了解的患者的情况，其实与患者的实际情况之间存在着差异；它还提出了一些问题，例如，我们应当如何做才能了解得更加透彻。说到这里，我们会自然联想到这样一类患者，他们对自己有着过高的估量，并因此经常想入非非，但是因为周围的环境并不承认他们的重要性，他们便抱有强烈的敌意。这样的人会渐渐地滋生虚妄，在与周围环境的敌对过程中，这种虚妄还会进一步发展。那么可不可以这样说，这种虚妄实际上是患者通过幻想来逃避现实的一种手段，因为无法容忍现实环境而故意贬低它呢？但是，如果我们牢记一个原理：精神活动过程有规律可循，我们就会承认，我们并未完全了解某些特定的因素或因素组合，因为其他一些患者尽管有着大致相似的情况，却并没有形成这种脱离现实的心态。

对量化因素的评估，它同样适用。例如，某些很微小的刺激，如我们说话时的措辞稍有些不耐烦，就会使得患者深感焦虑。这种刺激与反应明显不成比例的现象，提醒分析者们思考一些问题：是否因为患者不确定我们对他怀持什么样的态度，才导致即便一个轻微的、短暂的不耐烦都能令他感到这般的焦虑呢？那么，对于这种程度的疑虑，又当如何解析呢？我们对他的态度如此重要又是为什么呢？难道是因为他对我们已经形成了强烈的依赖感？如果真是这样，又是什么原因导致的呢？他对自己所熟识的人是否也存在这种强烈的疑虑呢？抑或是，某种因素强化了他与我们之间的这种感觉？总而言之，精神活动受制于某些因素，并从而有规律可循，是一个非常实用、有效的假设，它引导并激励我们进一步深入探讨心理上的各种内在联系。

精神分析的第三条基本原则叫作“个性的动力原理”。其实先前论述前两个原则的时候，我们已经提到了它。这个原理准确来说是一个一般性的假设：我们的态度和行为背后的动机，潜藏在我们的情感力量当中。这个假设同样非常特殊，其特殊性在于，为了理解任何一个个性结构，就必须承认情感驱动力在互相冲突的性格中扮演了某个重要的角色。

在这里我们不必去更多地阐述一般假设的开创性价值，以及它在心理学方面对理性动机、条件反射和习惯形成的研究的极大优越性。按照弗洛伊德的理论，这些驱动力在本质上是本能的：与性有关；具有破坏性。但是，如果我们想要领略这种假设的核心，并充分体会它在帮助我们理解个性时的价值，就要抛开这些理论方面，以其他东西取代“力比多”，比如情感内驱力、需求、反应、自发性冲动等。

第二个特殊的假设,强调的关键在于内心冲突的重要性。而今，分析、理解精神神经质，已经离不开这个假设了。但是这个假设也有值得商榷的地方，那便是有关内心冲突的性质部分。弗洛伊德认为冲突产生于“本能”和“自我”之间。他把自己的本能理论和内在冲突概念糅杂了起来，这种糅杂引来了大家的强烈批评。而我自己也觉得，弗洛伊德的本能定位严重地影响了精神分析的发展。然而争论的结果是，所争论的焦点逐渐从冲突概念的本质转移到了本能理论，前者是冲突的主要作用，后者原本就有争议。我现在不便详细解释为什么我认为这个概念很重要，但是对这一问题的阐述将贯穿整本书，即便将本能理论全部摒弃，内在冲突引起精神神经质仍然是事实。弗洛伊德能够排除理论假设的影响而看清这一点，足以证明他的睿智。

除了揭示无意识的精神过程对于性格及精神神经质的重要性，弗洛伊德还向我们详细地阐述了这些过程的动力机制。弗洛伊德把不让某些情感或冲动进入意识称之为“压抑”。压抑过程我们可以比喻成“鸵鸟策略”，即我们只是假装那些被压抑的情感或冲动不存在了，实际上它们还是同以前一样依然发挥着作用。普遍意义上的压抑，与伪装只有一个区别，那就是前者会认为我们主观上并没有那种冲动。实际上，要想持久地平息一种情感冲动，仅仅依靠压抑是做不到的，必须配合其他防御手段才能做到。这些防御手段大致可以分为两大类，第一类是改变情感冲动本身，第二类是仅仅改变它的方向。

严格来讲，只有第一类防御手段才真正构成压抑。因为它能有效地消除主观意识里某种情感或冲动的影子，仿佛它们从来就不存在。而达到这种效果的防御手段又可以分成两种，第一种叫反应结构，第二种叫投射效应。反应结构带有某种补偿性质，如个性中存在的冷酷的一面会由浮夸般的和善外表来补偿；再如压榨利用他人的倾向如果遭到压抑，提出要求时态度就会变得过分谦虚或小心；还有，内心的敌意可能会被表面上的无所谓来掩盖；内心渴望得到爱，却可能表现出一种“我不在乎”的姿态。

引致这种结果的方式，还有一种是把某种情感投射给他人。投射过程的本质好比是，我们有这样的感觉或反应，就天真地认为别人将要反馈给我们的也会是这样的感觉或反应。有时候，投射确实就是这么回事。比如一个患者因为自己陷入各种矛盾冲突中而自我鄙夷时，他就会假定分析者也会以鄙夷的态度看待他。不过迄今为止，我们尚未发现投射与无意识过程有何关联。仿佛是这样的，只要相信某种冲动或情感存在于他人身上，那么就可以否认自己身上存在它们。这种转移有着很多优势。比如，某位丈夫自己希望有外遇，却把这种愿望投射到了他的妻子身上，结果是，他不仅消除了对这种冲动的意识，而且还对他的妻子形成了一种优越感，他可以理直气壮地怀疑、责备，或者以其他的形式把种种根本站不住脚的敌意情感发泄到自己的妻子身上。

正是由于这种防御手段有着很多独特的优势，所以它的存在非常普遍。但这里必须补充一点，不过不是对这个概念进行批评，而是要提醒人们，如果没有确凿的证据，请不要轻率地把任何所见到的现象都说成是投射，另外，在寻找投射的因素时，必须抱持严谨的态度。可以举个例子，一位患者很固执地认为分析者不喜欢他，这种感觉可能是患者自己不喜欢分析者的投射，但也有可能是患者不喜欢自己的投射，还有可能根本就不是投射，而只是患者的一个借口罢了，目的是为了避免与研究自己的分析者产生感情纠葛，这种假设的前提是他认为这里面包含着依赖危险。

另一类防御手段对冲动本身并没有造成改变，而只是改变了它们的方向。这样的话，所压抑的便不再是情感本身了，而是情感与某个人的关系，或与某种情境的关系。这种情感与那个人或那种情境分离的方式，有下面这几种。

第一种，把与某人有关的一种情感转移到另一个人身上。比如说愤怒，就这一情感来说最常见这种转移：因为畏惧或者依赖他所感到愤怒的人，也或者可能是隐约意识到针对那个人的愤怒站不住脚，所以就将怒气转移发泄到他并不害怕的另一个人身上，如孩子或女仆，或者是配偶的亲戚或雇员，再或者朝他有理由对他（她）发火的人发泄，如把对丈夫的怒气转移到不诚实的侍者头上。另外，一个人如果生自己的闷气，那么在场的每一个人都可能成为他的针对对象，莫名其妙地成为这股怨气的受害者。

第二种，把针对某人的情感转移给动物、东西、活动或者环境。有一个例子大家耳熟能详：拿墙上的苍蝇作为自己生气的借口。针对某人的怨气还可以转嫁到那个人所持的思想观念甚或喜欢的活动上来。在这里，因为对情感转移对象的选择受到严格制约，所以间接地也证明了精神活动受严格制约的原理非常有实用价值。比如，一位妻子明知道她的丈夫对她很好，专一不二，但可能因为她想完全占有丈夫，就把她对丈夫的埋怨发泄到他所从事的工作上去。

第三种，把针对他人的某种情感转嫁到自己头上。有一个突出的例子：本是对他人的责备最后转化成了谴责自己。这个概念所带来的好处，可以从弗洛伊德提出的一个问题中看出来，对于许多精神神经质来说，这个问题至关重要。通过观察我们不难发现，之所以有些患者不能表达批评、指责或埋怨这样的情感，很可能与自己受到他人的抱怨有着千丝万缕的联系。

第四种，模糊或淡化与某一个特定的人或情境有关的情感。比如，虽然对别人或自己恼怒，但却意识不到这种恼怒的存在，就如我们通常所说的无名之火。而因某种窘况产生的焦虑，也可以表现为摸不着头脑的焦虑，虽然存在却又非常朦胧。

弗洛伊德发现的另外一些令人大受启发的情况，是关于同意识分离的情感是如何得到宣泄的。主要有下面四条途径。

第一，前面所提到的各种防御手段，只是把某种情感或它的真正含义和指向同意识分离开来，而并没有阻止情感的表达，尽管有时候表达采取的是一种婉转而隐约的方式。举个例子，一个十分溺爱子女的母亲，她的许多敌意可能会通过溺爱这种方式来发泄。如果这种敌意投射到别人身上，那么发出者依然可以把别人对自己不友好当作借口，来继续发泄自己的敌意。这就表明，仅仅转移情感并不能阻止情感的发泄，它会通过一条歧路偷偷溜出来，仅此而已。

第二，被压抑的情感或冲动，可以在理性规范的前提下得到宣泄。或者用弗洛伊德的话来说，它们能够以社会可以接受的形式表现出来[①]。一个占有或控制的倾向，可以伪装成爱来表现；个人的野心，可以通过专注于一项事业来表现;对他人进行诋毁的倾向，可以用一种理智的批评主义来表现；充满敌意的攻击性，可以通过“不得不说真话”来粉饰。这种暗度陈仓的过程我们都大概地了解一些，不过弗洛伊德不仅仅告诉我们它的适用范围，以及运用时的细微之处，他还教会我们在进行心理治疗的过程中，为揭晓无

① 参阅马克思·霍克海默《关于权威和家庭》(1936) 一书中艾力西·弗洛姆的相关文章。

意识冲动应当如何系统地将它加以利用。

单就后者而言，情感或冲动的伪装过程也是用来维持防御态度的，另外还可以达到为其正名的效果。这一点我们必须了解。比如，如果缺乏责难他人的资本，或者无力保护自己的利益，在意识中就可能会演变成替他人的感情着想，或者具有理解他人的能力。如果不愿意承认自己身上的无意识力量，就会宣称：我不相信自由意志，因为它是罪恶的。如果无法得到想要的东西，就表现得好像没有私心一样。过分的怯懦，可以向外宣称是因为责任心强。

在实际应用的过程当中，尽管粉饰的概念常常被误用，但它的价值并不会因此而被削弱。这就好比，优良的手术刀也可能做出糟糕的手术来，但手术刀本身并没有问题。不过我们应该注意，运用文饰概念就如同使用一个充满危险性的工具一样。所以，没有证据就不能草率地宣称某种态度或信念是对其他东西的粉饰。只有一种可能性能证明文饰作用的存在，那就是真正具有推动力的动机是其他动机，而不是主观认为的那个动机。比如，一个人不愿意接受一项虽艰辛但报酬却丰厚的工作，理由是他觉得这将迫使他放弃自己的信念，这里有两个可能，第一个可能是他真的笃信自己的信念，所以甘愿放弃金钱和由此带来的显赫地位而维护这些信念；另一个可能是，尽管这些信念真的存在，但是决定他不接受这份工作的根本动机却并不是它们，而是害怕自己没有能力胜任这份工作，甚或害怕因此而引来的批评和责备。在后一种情况下，假如不是因为害怕，这个人就会做出必要的妥协接受这份工作。当然，这两种动机的主次排序可能会有许多不同的变化。

只有在畏惧情感充当最具影响力的动机时，我们才可以称它为文饰作用。我们之所以有可能忽略一个有意识动机的存在，便是因为我们知道他在其他的时候会毫不迟疑地做出妥协。

第三，受压抑的感情或想法，有可能会通过一些漫不经心的举动表现出来。在弗洛伊德关于智力心理学和日常生活错误心理学的研究中，曾经提出过这类表达。尽管这些研究成果有很多细节存有疑点，不过它们显然已经成为精神分析类资料的一个重要来源。感情和态度也可以通过不怎么留意的语气、肢体语言，或者在没有意识到其中意义的言行中表达出来。对此所做的观察，同样是精神分析疗法的价值组成部分。

第四，受压抑的欲望或恐惧，有可能会出现在梦境或幻想中。例如，现实当中不得不压制某种复仇冲动时，这种冲动就可能会转化为梦境，在梦里复仇举动得以实施；梦里还可以实现有意识的思维里所不敢建立的优越感。这个概念在将来具备的影响力，很可能比在过去和现在还要大，特别是当我们令它的范畴从梦和幻想扩展到无意识幻想时，就更是如此了。从心理治疗角度来看，很有必要认识这些幻想。因为我们常说的患者不愿意治愈的情况，通常就是因为他们不愿意放弃自己的幻想。

弗洛伊德有关梦的理论在接下来的章节将不再进行讲述，因此我想借着这个机会将我所认为的它的重要价值指出来。先不谈弗洛伊德所指出并教会我们的与梦相关的诸多详细特性，我们单论释梦这个环节，我认为他最重要的贡献就在于他提出了这样一个假设——梦是欲望满足倾向的表现。如果我们想要解析某一个梦所蕴含的倾向是什么，或者想知道表现这一特定倾向的必要性到底是基于哪一种潜在需求，那么，我们只要在理解了梦的潜在含义之后，梦往往就会把它背后的动力暗示给我们。

我们先来做一个简单的假设，假设某位患者的梦境，其实质是表达了分析者的浅薄、自负和丑陋。那么“梦是内在倾向的表现”这一假设将会告诉我们：首先，这个梦包含了一种对某个观点贬低的倾向；其次，对于驱使患者贬低分析者的根本原因，我们必须把它找出来。反过来，这个疑问可能会令我们认识到：患者觉得分析者所说的话是对他的一种羞辱；或者，他觉得分析者打击了他的优越感，通过贬低分析者可以恢复他的优越感。我们在认识这一系列反应的过程中，又会引发对另一个问题的思索：这是不是患者的典型反应方式？对于患有精神神经质的人来说，梦有两个极其重要的功能，一是帮助他消除焦虑，二是为生活中无法解决的矛盾找到一个宣泄口。如果这种尝试没有奏效，那么焦虑的梦境就会接连不断。

弗洛伊德关于梦的理论常常备受争议。不过在我看来，释梦时必须遵循的原则，以及根据该原则对梦做出的解释，这两个辩论的方面经常被混为一谈。弗洛伊德已经给了我们一些方法论的观点，然而这些观点必然被分析时所采取的方式的特性所束缚。根据这些原则所推导出的真实结果是什么，完全取决于你认为某个个体身上的冲动、反应和冲突中哪些是最基本的。所以，在同样的原则基础上，所得出的结论是不同的，然而这些不同的结论并不影响这个原则的有效性。

弗洛伊德的另一个主要贡献是，他为我们开辟了一条道路，让我们能够或者是更容易理解焦虑性神经症的原理，以及它在神经质中所起的作用。这里我们只是先提一下，在接下来的章节中我们将对它展开详细的论述。

在这里，我们再简单地说一下弗洛伊德关于童年经历的影响的研究结果。这些研究结果最富争议性的地方主要集中于三个假设：假设一，环境影响的重要性远不如反应的遗传定律；假设二，所有经历中但凡具有影响力的，本质上必定与性有关；假设三，童年的经历将在以后的人生阶段里不断重复，甚至成为童年以后经历的主要构成部分。即使不考虑这些有争议的问题，我们只究其本质的话，仍然可以将弗洛伊德的研究结果表述为，在性格和精神神经质的形成过程当中，童年经历发挥了极其重要的作用，这种作用甚至直到现在也让我们感到震惊。这个发现对很多领域都有革命性的影响，比如精神病学、教育学、人种学等，这一点不必举例引证，是毋庸置疑的事实。

关于为什么列举弗洛伊德的那些富有争议性的有关性经历方面的论点，我们以后还会继续详细说明其原因的。尽管有很多人都反对他对性欲的评价，但是我们不应该忘记他对我们的帮助：看待性问题时应当抱持实事求是的态度，只有这样才可以突破重重障碍，真正理解它们的含义和意义。

我们不能忽略，弗洛伊德为我们提供了基本的工具，让我们在进行精神分析治疗的时候不再束手无策。尤其关于“移情”“抵抗”和“自由联想法”这些概念，更是促进精神分析治疗的关键概念。

我们排除那些理论上的争议，不考虑移情是否主要是婴儿期态度的重复，移情概念认为：观察、理解并讨论患者对于精神分析情景的情感反应，构成了理解他的性格结构及他的困难的捷径。它已经成为最有效的精神分析治疗的工具，如果没有它我们将寸步难行。不过，尽管我承认它在心理治疗方面的价值非常重要，但是我相信只有对患者的反应进行更准确的观察，更深入的了解，才能令精神分析的未来走上正轨。这个信念是基于以下假设产生的，即心理学的本质是对作用于人类关系的各种心理过程的分析理解。这种精神分析意义上的关系，也是人类关系的一种，它为我们理解这些过程提供了许多史无前例的可能性。因此，精神分析必须为心理学提供的重要贡献，正是对于这种关系更精确、更深入的理解。

一个人竭尽全力地阻止被压抑的情感或想法进入其意识，仿佛有一种能量在驱动他那样做，我们称其为抵制。正如前面提到的，这个概念基于这样的认识：患者完全有理由避免意识到某种冲动。尽管对于它的性质尚且存有争议（我觉得这个概念不正确），但我们必须承认它们的存在具有非常重要的意义。人们已经做了大量的工作，去研究患者如何固守自己的立场，并为此斗争或退缩甚或刻意退避等现象。我们对这种斗争的个别形式认识得越多，在进行精神分析治疗的时候就会变得越为快捷有效。

但是患者必须脱困于理智或情感的阻碍，将他的想法和一切感受都说出来，只有这样才能令精神分析中的精确观察成为可能。精神分析治疗中有一个有效的基本原则：思维和感情之间存在着一种可能并不明显的连续性。它令分析者不得不对思维和感情出现的顺序进行密切关注，然而分析者也能够依赖它循序渐进地判断患者外在表现背后的内在倾向和反应机制，进而做出初步的结论。心理治疗当中尚有许多概念的价值未能明了，自由联想就是其中的一项。依我的经验来判断，若要证明这个概念的价值，我们就必须尽量深入地去认识精神反应及关联的各种可能，以及外在表现形式的各种可能。

我们要想对现象背后的精神活动过程做出推断，就要对患者外在表现的内容和出现顺序进行观察，甚至还要观察他的口头语言、肢体语言、行为策略等。如果我们将这些推断当作初步的解释告诉患者，他们便会联想到新的事物，而这些新联想到的事物或许会证实分析者做出的假设，也或许会推翻分析者做出的假设，还可能有新的角度将这些假设扩大，或缩小至局部特殊点。总之，针对这些解释，他们一定会做出情感反应。

然而这个方法也遭到了反驳，有人言称这种初步解释有武断的嫌疑。解释的内容必然刺激患者依据该内容去联想，因此整个流程从本质上去分析显得太过主观。尚且不论这种反驳仅仅是因为在心理学领域达不到某种客观性而做出的痛苦呻吟，如果说这些反驳还有什么意义的话，它只可能与下面的情况有关：如果用某种独断专行的方式，将一个错误的解释告知于易于被影响的患者，我们就说这是误导，那么当一个易受暗示影响的学生按照老师的任务要求在显微镜下寻找某样东西，而他坚信自己确实看到了，这种情况也就可以称之为误导了，因为这两者是何其的相似。不过，误导的可能性自然也是存在的，这种风险只可能减少，不可能完全杜绝其发生。事实证明，分析者本身的心理学知识与理解能力越强，他就越不会刻板地照搬既定理论，这样他做出解释的时候主观臆断就会越少，他自己的问题对观察的干扰也就会就越小，从而误导的危险性也就越小。当然，如果分析者始终不忘提防患者有可能出现的顺从，误导的危险性还可以进一步减小。

上述讨论仅仅与心理学研究方法中的一些基本点关联，并不代表这里已经将弗洛伊德丰硕的研究成果尽数包括，根据我的经验，这些基本概念应当是最具有建设性的，我们可以对它进行简明扼要的表述。因为这些都是我在研究过程当中经常使用的工具，因此在接下来的每一章中我都会将它们的用途细致地描述出来。完全可以这样说，这本书的精神背景就是它们。本书下列各章中还将描述弗洛伊德其他一些具有创造性的研究成果。

第二章　弗洛伊德观点的总前提

天才之所以被称为天才，其中一个最重要的特质就是独具慧眼，不盲目随波逐流。弗洛伊德无疑可以称得上是一位天才了，如此评价不单因为这一点，还有其他方面。他不断地超越传统思维的局限性，用一种全新的视角去观察精神领域的各种问题和现象，这一点令人觉得非常不可思议。

不过从另一方面看，即使他是天才，也不可能完全脱离他所置身的那个时代，考虑问题总会带有那个时代的影子。虽然天才具有惊人的洞见，不过他的思想在很多方面注定要受到时代意志的影响。这些话听上去像是陈词滥调，不过从历史背景的角度去了解弗洛伊德的著作受何影响是非常令人感兴趣的，而且，对于那些务求更全面地理解复杂、抽象的精神分析理论构架的人来说，也是必不可少的。

我对精神分析史和哲学并没有多么浓厚的兴趣，在这些方面的知识也非常有限，所以对于十九世纪流行的哲学意识形态，以及弗洛伊德的思想观点如何受当时的心理学派影响并不是特别了解。我的目的仅仅是深入探讨弗洛伊德观点中某些特定的前提，以便更好地理解他处理和解决心理问题的独特方式。后面各章中我们还要讨论这些精神分析在含蓄哲学的背景之下受到了何种程度的影响，但本章的目的只是对它们进行简单的概括，并非要详细地追根溯源。

让我们先来了解一下弗洛伊德在生物学上的定位。他向来以科学家的身份自居，一再强调精神分析是一门科学。哈特曼非常精准地对精神分析的理论基础进行了阐述[①]，他说："精神分析最重要的方法论优势是它以生物学为基础。"他在评论阿德勒的理论时就说过："如果阿德勒能够将权欲的生物基础找出来，那将是非常伟大的收获。"在哈特曼的心目中，这才是精神神经质的重要因素。

弗洛伊德的生物学定位方式有三个方面的影响，第一，他倾向于把化学与生理因素的相互作用看成是精神现象的起因；第二，他倾向于把决定精神体验及其发生顺序差异的基本因素看作体质或遗传因素；第三，他倾向于把解剖学差异看作两性间的精神差异的根本源头。

第一个倾向最为关键，是弗洛伊德本能理论（"力比多"理论和死亡本能理论）的核心支撑点。弗洛伊德属于典型的本能理论家[②]，他相信精神生活取决于情绪内驱力，继而假定这些内驱力具有某种生理基础。他把本能看作内在的肉体刺激因素，它们连续作用，并且具有散播紧张的倾向。弗洛伊德还一再宣称，这种说

① 参阅海恩茨·哈特曼《精神分析之基础》(1927)。

② 该事实在艾力西·弗洛姆的一份未公开发表的手稿中曾强调过。本文中所提及的"本能理论家"现在已不用原本的含义。现在的"本能"是指"一种与生俱来的，对身体需求或外界刺激的反应模式"，(参阅 W. 特洛特《和平与战争中的民众本能》(1915)。

法令“本能”居于生理过程和心理过程之间。

第二个倾向意在让人们重点关注体质与遗传因素。这一倾向对于“力比多”理论的形成起了很大的作用，“力比多”经历了遗传性所限定的几个阶段：口腔、肛门、阳具和生殖器阶段。

它也促成了关于俄狄浦斯情结是一种普遍想象的假设。

第三个倾向是弗洛伊德的有关女性心理学观点当中的一项决定性因素。表现最明显的是“生理构造即命运”[①]这句话，在弗洛伊德雌雄同体的概念中，它被发挥得淋漓尽致。例如，一个女人想成为男人，他认为这种愿望的本质是，她想拥有男性的生殖器；而男人不愿意表现得像个“娘们儿”，追根溯源是因为他们害怕被阉割。

第二个设想对历史造成了负面影响。直到最近社会学家和人类学家才研究表明，我们在文化方面已丢失了自己的淳朴。十九世纪的人们对文化的差异性非常陌生，他们普遍倾向于把自己的文化特点笼统地看作全人类的共性。所以弗洛伊德也笃信，他所看到的并试图解释的人类现象，能够代表任何一个地域的人。他这种局限性的文化观与他的生物学假设混杂在一起。他感兴趣的文化大多只是影响本能内驱力的方式，如环境的影响，小一点比如家庭的影响。另一方面，他基本认为文化现象就是生理本能的延伸。

弗洛伊德研究心理学问题的第三个特点是，他对价值判断、道德评价要么采取回避态度，要么彻底漠视。这种态度与他将自己

① 参阅西格蒙德·弗洛伊德《两性心理区别的心理后果》，载于《国际精神分析杂志》（1927）。

定位为一个自然科学家是完全符合的，所以只有在记录和分析观察中才能显现出一定的道理。就如艾力西·弗洛姆所言，这种态度受到了自由时代的经济、政治、哲学等领域所奉行的宽容原则所影响[1]。在后面各章中我们可以看到，这种态度对“超我”等一些理论概念，以及精神分析治疗产生了何等巨大的影响。

弗洛伊德观点的第四个基本倾向是，他倾向于把精神因素看成是许多对立的矛盾体，他这种根深蒂固的二元论思想同样源自于十九世纪的哲学心态体系，这种思想贯穿整个理论构想的始终。在这种僵硬的对立倾向下，他提出的每一个本能理论都变得方便万能，仿佛所有的精神现象都容易解释了。这种精神假设最具价值的阐述在于:弗洛伊德在“本我”和“自我”之间发现了二元论。他把这种二元论看成是神经质冲突和焦虑性神经症的基础。他的“女子气”和“男子气概”这一对立的概念，同样表现出了他的这种二元论思想。这种思想的僵硬特点给它涂抹上了一种机械性的色彩，恰好与辩证思想形成了鲜明的对比。在这个前提下，我们对弗洛伊德的假设倒是可以理解了：他认为A和B是两个相互对立的群体，A所包含的因素与B所包含的因素一定不同。比如，“本我”包含了所有满足情绪的欲望，而“自我”却只拥有监督和抑制的功能。在现实生活中，如果我们认可这种分类的话，“本我”和“自我”确实可能包含着对某种目标的强烈追求，甚至这种现象还是一种常态。机械性思维的逻辑习惯也解释了这一思想，即在一

① 参阅艾力西·弗洛姆《精神分析疗法的社会条件》，载于《社会研究杂志》(1935)。

个系统中所消耗的能量可自动将其对立系统也耗竭。就好比施爱于他人就意味着自爱方面会削弱一样。这种思想还体现在：一旦建立矛盾倾向，这种倾向就会一直存在下去。但也有人持相反的观点，认为两种对立的倾向在相互作用的时候可能会彼此增强，而典型的表现便是“恶性循环”。

最后一个重要的特点涉及弗洛伊德的“机械进化论”观点，与前几个特点非常相似。由于大多数人并不是很了解这种观点的内涵，但它对于理解精神分析的核心理论又很关键，所以我要在这里多说一点。

我所说的进化论观点是指这样一种假定：某种事物现在的存在形态与初始形态虽不尽相同，却是从前期阶段一步步演化而来的。可能现在的形态与前期阶段的形态并无相似之处，但若没有前期阶段，现在的形态就令人觉得难以理解。十八世纪与十九世纪的人们普遍奉行的科学思维便是这种进化论，这与当时的神学思维形成了鲜明对比。这个理论起初被应用在非生命体的物质世界中，但也涉及了生物和有机体这些方面。在生物学领域的杰出代表，无疑首推达尔文。实际上，它对心理学领域同样产生了巨大的影响。

机械性进化论观点在进化论思维当中属于一种特殊形式的存在。它的本质含义是事物现在的形态由它的过去形态所决定，而且只包含着过去，在进化过程中，并没有，也绝不会产生真正意义上的新事物。所有我们今天能看到的，仅仅只是换了个表现形式而已，东西还是原来的东西。威廉·詹姆斯曾说：“作为进化论者，我们必须紧紧地把握一个观点，即所有新出现的玩意儿，都只是未经变化的原始物质重新排列组合的结果。[1]”这句话很好地向我们诠释了什么叫机械思维。谈到意识的发展时，詹姆斯又说：“若就事论事的话，（意识中）原先不曾出现的因素，或新的性质，在任何晚期阶段亦将不会出现。”他认为动物在进化的过程中，意识并不是新出现的元素，那些单细胞生物就已经存在这种性质了。这一例子也侧面提示我们机械思维所侧重的是什么。若是这个侧重点放在遗传学上，就意味着会引来一些疑问，比如，事物在什么时候会以什么样的形式出现？而它又以什么样的形式再现或重复自己？

想要看到机械思维与非机械思维各自的侧重点有什么不同，我们有很多常见的例子可以用来说明。例如，在水变成水汽这个问题上，机械思维会着重强调：汽只不过是水的另一种表现形式而已；而非机械思维会着重强调：汽尽管是由水变化而来，但是在变化的过程当中，它已经具有了新的特性，两者受不同的法则制约，具有不同的功用和效果。又比如，针对机器自十八世纪到二十世纪的发展问题上，机械思维会指出在十八世纪初各种机器和工厂就已经存在了，所谓的发展只不过是量的发展而已；而非机械思维则会把关注点放在由量变带来的质变，以及由质变引发的新问题上，如生产规模的革新、雇员群体的兴起、新的劳工问题等。总而言之，非机械思维所关注的重点是，量变可导致质的飞跃。秉持这种思维的人所持的观点是，以简单重复过去或退化到初始阶段来解读有机体的进化过程，显然是大错特错的。

① 参阅威廉·詹姆斯《心理学原则》(1891)。

若从心理学方面来观照两者之间所持观点的差异性，我们有一个很简单的例子，那就是有关年龄的问题。机械论者会认为，四十岁男人的理想只不过是他十岁时的理想的重现。非机械论者会认为，尽管成年后的理想很可能包含着童年时的理想，但是因为年龄的原因，前者的内涵与后者肯定完全不同。比如，童年时对未来抱着某个梦想，希望将来的某一天能够实现，但是到了四十岁，他的梦想或许基本上算是实现了，也或者意识到它根本无法实现，唯一的机会都已溜走，他却仍抱着幻想不愿放手，那么这时的幻想必然充满了失落和绝望。

弗洛伊德秉持进化论的观点，但行着机械论的方法。他的假设有如模板，他认为：人在五岁前就已定型了，之后的反应和经历都只是不断重复五岁前的反应与经历，再不会有新鲜的东西出现。他的这个假设在精神分析文献中以不同的面孔一次又一次地出现。比如，在讨论焦虑问题的时候，弗洛伊德提出：它的早期表现我们应当从何处而寻。沿着这条思路，他最终得出这样的结论：出生是人类体验到的最初焦虑，以后出现的种种焦虑都可以看成是这种焦虑的不断重复。我们通过他的这种思维方式，也就可以了解为什么他非常喜欢将发展阶段推定为种系发生的重复了。比如，他认为“潜伏期”是冰川期的残留。这种思维也顺带表现出了他对人类学的兴趣。他曾在《图腾与禁忌》一书中声称：人类最为有趣的精神生活是原始人的精神生活，因为它可以代表人类发展的早期阶段，是保存得最为完整的一部分。他企图从理论上解释，阴道感觉是由口腔或肛门感觉转移而来，虽然这不怎么重要。可以说，弗洛伊德的这种企图是为了进一步地阐述他那种机械论。

在弗洛伊德的强迫性重复理论里，经常能见到他的这种机械性的进化论。说得更具体一点，它的影响力可从他的固恋理论中看到，暗示了无意识无时间性理论，也可以从他的倒退理论及移情理论中看到。从某种程度上说,这种观点倾向于用过去来解释现在，还能看出，他力图将当前的倾向归结给童年。

到目前为止，我只是将弗洛伊德的理论前提进行了一番客观的介绍，并没有添加自己的主观评论，而且在以后各章中我也不打算这样做，因为这已经超出了一个精神病学者的能力与兴趣。对于一个精神病学者来说，哲学问题能否提供有用或有效的知识，才是其兴趣的产生点。如果允许我预测它们的论证过程与结果，我会做出如下判断：若想让精神分析发挥出巨大潜力，就必须抛弃精神分析自身的历史包袱。

第三章 “力比多”理论

在弗洛伊德的本能学说中，他用三条二元论式的本能理论阐述了关于精神能量起源于化学生理机制这一理论。在他的二元论当中，弗洛伊德始终坚信性欲本能是本能中的一项。但后来说到其他本能时，反倒又改变了最初观点。在弗洛伊德的本能学说中，关于性的发展、性对人格的影响乃至性本身的理论，“力比多”[①]理论地位最为殊胜。

至于性导致精神紊乱这一现象的重大意义，弗洛伊德是在临床观察的基础上发现的。他在治疗歇斯底里症患者时，运用了催眠治疗法，结果表明：该病症往往是由于对昔日性经历记忆的丧失所导致的。后来的观察似乎也印证了这一点。事实上，大多数的精神症患者都带有某种性方面的障碍，在一些神经质中，性障碍尤为突出，如阳痿、性变态等。

弗洛伊德的本能理论第一条便是，性本能与“自我内驱力”两者间的冲突决定了我们的生活。他的“自我内驱力”概念是指所

① “力比多”(libido) 即性力。它由弗洛伊德提出，不仅包含生殖意义上的性，还包括一切身体器官的快感。弗洛伊德认为“力比多”是一种本能，是心理现象的驱动力。

有内驱力的总和，包括“自我防护”与“自我意志”两方面。他宣称：任何一种内驱力或态度，但凡与单纯的生存需求无关，那么在根源上都一定与性有关。

然而，即便我们承认性对于精神生活的影响非同小可，但还是有许多欲望和态度无法用性理论来解释。比如贪婪、吝啬、傲慢等古怪的性格，以及对艺术的追求，不理智的敌视情绪和焦虑等。如此大的领域，我们所熟悉的性本能真的能够统统囊括吗？答案显然是否定的。除非弗洛伊德将“性”的概念拓宽，不然想从性的角度来解释所有这些精神现象无疑是痴人说梦。这便是性概念需要扩大的理论根源。弗洛伊德自己也承认，正是基于经验主义的发现，他才必须要扩大性概念。事实上，在提出“力比多”理论之前，他确实搜集了大量的临床资料。

“力比多”理论主要包括两个方面的基本内容，一个方面可以概括成性概念的扩展，另一个方面的内容可以简称为本能转移概念。

弗洛伊德基于以下诸因，认为性概念值得进行扩展。

第一，性欲的客体不光只是异性，也可能是同性，还可能是动物，甚至是自己。

第二，性行为的方式并非只有生殖器官的交媾，也可能由肛门、口腔等其他器官来代替。

第三，不仅性交对象可以引起性兴奋，施虐、受虐、意淫和裸露等行为也可能引起性兴奋。而且这里所说的只是几种最为常见的。

第四，这些性行为并不只限于性变态者，在健康人的身上也有例证。例如，在长期的性压抑状态下，正常人可能转变成同性恋者；尚未成熟的人可能被引诱或逼迫实施性变态行为。

第五，在正常的性前奏中也可以见到这些性行为的迹象，如亲吻和性侵犯行为。另外，在梦境中或幻觉中也可以出现性行为——这一点常常成为精神神经质的基本症状。

第六，对于快感的追求，儿童时期的某些行为与某些变态行为在某种程度上非常相似。比如，同样喜欢吸吮大拇指，同样以极端好奇的眼光看待性，对别人大小便也兴趣浓厚，对性施虐行为浮想联翩，喜欢自裸也喜欢看他人裸体。

因而弗洛伊德下此结论：既然不同的目标都可能很轻易地引起性冲动，而且也可以用不同的方式实现性兴奋和性满足，那么性本能自身就不会是单一的，而应该是一个复合体。性欲冲动并不单单指向异性，也并非单单为了给生殖器带来快感。对异性生殖器的冲动，只不过是“力比多”的表现，“力比多”可以聚焦于生殖器，也可以聚焦于其他性反应区域，如口腔、肛门等，这些性反应区域因而带上了生殖器的价值特点。弗洛伊德除了规定口腔和肛门冲动属于性欲外，还对性欲的其他组成部分也做了规定，如施虐癖、受虐癖、窥淫癖和露阴癖。人们虽然努力地想要将这些变态倾向归结于人体的某一区域，但是效果却不甚理想。儿童初期“力比多”表现被称为“前生殖器”冲动，因为这些表现主要体现于外生殖器，然而五岁左右的儿童在正常成长的过程中，最先觉醒的是生殖器的冲动，并因此拥有了我们通常意义下所说的“性欲”。

“力比多”在发展的过程中，可能会发生一些紊乱，其中最为关键的有两种：一是某些成人的性欲不被基本内驱力所接受，因为他们在体质上太过强大[①]；二是当受到压抑时，所获得的复合型性欲可能分裂成它的基本内驱力。在这两种情形中，生殖器性欲都会被打乱，前者由于固恋情结导致，而后者由于倒退导致。这时候个人会沿着生殖器冲动所指引的方向来追求性满足。

弗洛伊德虽未明言，但“力比多”理论中确实隐含着这样一个观点，即任何能为肉体带来快感的，本质上都与性有关。换个说法就是，任何在肉体方面的快感追求，无一不是性的。诸如吮吸、消化、排泄、运动、触摸等，从这些途径获得的快感，以及涉及他人所体验到的快感，如受到虐打，虐打他人；被人观看身体，观看他人身体或身体功能等，这些都是单纯的肉体快感。弗洛伊德认清一个事实,这个论点无法通过对儿童的早期观察来证明。那么,他又将以什么作为论据呢?

弗洛伊德指出：哺乳给婴儿带来的满足，与性交给成人带来的满足非常类似。他虽然并非要把这种类似作为定论的依据，但是仍然引来人们的追问：他为什么要这样说？弗洛伊德的这一类比无疑避开了一个疑点：能否将婴儿的愉悦也纳入性的范畴，因为无人怀疑吸吮、吃喝、走路等行为能给婴儿带来快感。弗洛伊德认为，就算是我们没有足够证据能证明儿童时期的肉体快感，以及对这种快感的追求在本质上一定是性的，但是并不妨碍得出这样的结

① 此处弗洛伊德所说的“体质”是指先天遗传或者通过早期经验后天获得的，在他发表于《国际精神分析杂志》（1937）的一篇文章《可终止和不可终止的分析》中给出了这个定义。

论：这些能够带来快感的方式必然与成人的一些性活动，如反常性行为、性意味的抚摸和手淫过程中的性幻想等是有着紧密联系的。弗洛伊德的这种说法有着一定的道理，不过有一点人们必须要考虑，无论是性变态还是性前奏，最终的快感仍是要落在生殖器上的。根据弗洛伊德的假设，口腔交合所能带来的兴奋质量与强度，与阴道交合所带来的可以等量齐观。可是事实上，就好像接吻的时候一样，口交时口腔黏膜的兴奋快感并不是首要的，口腔活动只是为了满足生殖器的一个条件。就如同施虐或受虐，裸露或观察他人裸体，观察自己或他人的某些身体部位，注目他人的某种姿势，它们都只是引起性兴奋的条件而已。弗洛伊德虽然意识到了会被这样质疑，但他并没有把它当作反对自己理论的证据。

总而言之，弗洛伊德尽管极大程度地帮助了人们，令人们认识到各种引起性兴奋的因素，而且这些因素也可能成为性满足的条件，但是他并不能证明这些因素本身就是性的。除此之外，推导结论的时候，他也难免有所疏忽。好比不能因为可以从观看暴虐行为中获得性满足，就断言暴虐行为是正常性冲动的先决条件。

弗洛伊德为了更进一步证明肉体快感的本质是性，他又指出，非肉欲渴望可能与肉欲渴望交替出现。例如，精神神经质患者可能会交替出现强迫性进食与性活动，而在进食和消化的过程当中，他对性交毫无兴致。这些现象，以及根据现象得出的结论我将在以后讨论，这里只说明一点：用一种方式代替另一种方式来获得对快乐的追求，并不代表这两者之间一定有共性。这或许可以用来解释前面的那些观点，不过弗洛伊德正好将它忽略了。比如，一个人因为没有看成电影转而去听广播，这并不等于说看电影与听广播这两种乐趣在本质上相同。又比如，一只猴子吃不到香蕉转而去荡秋千，也并不能下结论说荡秋千是吃的冲动构成的，而它的愉悦感是从吃中获得的。

基于以上考虑，我们只能得出这样的结论："力比多"概念仍缺乏证据来证明，目前仍只是一个空壳子。前面所列举的所谓证据，仅仅是一些没有得到证实的类比和概括罢了。同时值得人怀疑的还有他关于性感应区域资料的有效性。

当然，如果"力比多"概念只单单能够解释性变态和儿童对快感的追求这些特殊案例，那么它是否有效也就显得不那么重要了。但是，"力比多"概念的真正意义是在于它的本能转移学说，这个学说使我们把人的性格特征、追求，以及对自己或他人的态度，脱离了生存斗争学说的局限性，而更多地归因于性本能范畴。在弗洛伊德的第二条与第三条本能理论中，这种学说所隐含的倾向更为明显。第二条本能理论是关于自恋和目的"力比多"之间的二元论，第三条本能理论是"力比多"与破坏本能间的二元论，将放在后面讨论。现在只讨论"力比多"的表现形式，不过要先排除以下因素的干扰：某些后来被弗洛伊德视为性冲动和破坏冲动的复合体的性本能行为，如虐待狂和受虐狂等。

对于"力比多"如何塑造性格，以及影响态度与追求，弗洛伊德提出了几种方式。某些态度被认为是欲望因受到压抑而表现出的冲动。因此，不仅是权力欲，甚至每一种自主行为都可以解释为虐待欲受到压抑所表现出的行为。所有的感情生发都可以解释成性欲受到压抑的表现。任何温良恭俭让的态度都可以被怀疑成潜在的被动同性恋的表现。

与欲望受抑概念紧密关联的是性欲升华概念。根据性欲升华概念，原先主要表现在“前生殖器”冲动的性兴奋和性满足，会以与其性质相同的方式转变为非性欲冲动。如此一来，原先的性欲能量就转变为普通能量了。性欲升华与欲望受抑两者间的区别其实并不明显，这两个概念有一个共同点，那就是它们的理论都主张：虽然各种特征与“力比多”无关，然而都可被视为非性欲的“力比多”表现形式。两者的区别之所以不明显，其中有一个原因是，“升华”的词义中本就包含本能冲动向社会价值物的转化。但是，有一些转换，比如由自恋或自爱向拥有抱负的转换，这种转换到底是升华了，还是自爱的欲望受到了压抑，我们很难说得清楚。

有些态度其实只是模仿性生活中的类似态度，而并不能看成是直接或间接的性冲动的结果。弗洛伊德提到了足以对人生产生影响的性冲动的“引领效果”。这个概念的实践性价值在于：如果能够解决性障碍的问题，那么非性欲问题也就有希望得到解决。人们往往看不到这里面蕴含的这一期望。总的来说，必须要找出情感受到强抑的原因才能够解释这个概念，比如说这个原因可能是因为人无法在性欲上放弃自己。自然而然的冷漠也可以将症结归因于性，比如曾经有过性创伤，或者至今仍受乱伦情结的影响，或者是有同性恋的倾向，喜欢施虐或受虐，后者的本质已被视作性现象了。

在这里，关于分类也存在问题。是否可以认定某种行为只要自动符合性行为模式就是带有受虐倾向[1]？是否可以说非性受虐倾向就是性受虐倾向的无性欲欲望受到压抑的表现？其实这些区别并没有太大的意义，因为所有与之相关的类型基于的都是同一个基本信念，只不过是换了几个说法而已。这个基本信念就是，人首先必然要表现某些基本本能，而这些本能又实在太过强大，只要它们拥有了目标，人就会被它推着朝那个方向前行，推动方式可能很直接，也可能很隐蔽。就算是人们坚信自己有着崇高的理想或高尚的情感，如信仰宗教、追求艺术或科学等，可是无论他多么小心谨慎，终究还是免不了要成为本能的奴隶。

总喜欢将某些性格特征与从前的性欲关系挂钩，或总是习惯性地以性欲眼光来观察他人，这种武断的视角会导致两大问题：一是这些分析者会试图将病症归因为患者此前与某人的高度认同[2]，二是这些分析者会用“患者具有潜在的同性恋倾向”来解释一切。

其他的性格特征也被认为是反向性欲追求的反应结构。这样一来，反应结构的能量就必须从“力比多”本身获取，同时也等于是说，整洁是肛门性冲动的反向追求，友善是施虐狂的反向追求，谦虚是露阴癖或贪婪的反向追求。

另一类情感或性格特征被视为不可回避的本能欲望的结果。这样的话，对他人有依赖心理就被当作口交欲望的影射；自卑感是因为自恋“力比多”匮乏，比如付出“力比多”于他人却并未得到“爱”

---

① 参阅桑道尔·拉多发表于《精神分析季刊》(1933) 的一篇文章《女性的阉割恐惧》。

② 这里的高度认同是指患者对某人的依恋，而这种依恋被怀疑为“潜在的同性恋倾向”。

的结果；固执因与肛门性欲区相关，就可被看成是与环境相冲突的结果。

最后，诸如恐惧、敌意等一些重要的情感，可被理解为由于性欲冲动受挫而导致，当关键的正内驱力的力量之源被视为性本能时，也就意味着恐惧的对象就是性欲受挫的所有可能性。比如说，担心得不到爱通常被视为基本恐惧的一种。依照弗洛伊德的看法，担心得不到爱就等于担心从别人身上得不到性满足。如果不把敌意与性嫉妒挂钩，那么它就只与压抑有关。焦虑性神经症就被认为是由压抑造成的，要是本能冲动受到压抑，不管是因为害怕、被禁止等内因，还是因为外部环境，它们都能制造压力压抑本能冲动。弗洛伊德提出的第一个焦虑概念认为，如果“力比多”由于内部因素或外部环境因素而无法得到释放，焦虑就必然会产生。后来他对这个概念进行了修改，令它的成分更多了些心理学的内容，但是依旧把焦虑解释为“力比多”受抑的结果，尽管他做了一定的界定，说它是个人对受抑的“力比多”抗力的畏惧和无力感。

总而言之，弗洛伊德认为：人的性格特点、抱负、态度等或许是直接表现，也或许是目标受抑的表现，或升级的性欲冲动的表现。它可以是性怪癖的变形，也可能是对性欲冲动或其受抑时的回馈，还可能是残留的对性欲的依恋。“力比多”给人的精神生活施加了这么大的影响力，因此常常有人将精神分析贬斥为“泛性论”[1]，虽然这种指责同样遭到反驳，而反驳的观点是“力比多”与通常情况下对性欲的理解不同，另外，对性冲动有抑制作用的人格力

① 参阅 J. 贾斯特洛《弗洛伊德构建的大厦》(1932)。

量也是精神分析所要考虑的因素之一。我认为这种反驳不会有多大效果。问题的关键是，真的如弗洛伊德所认为的那样，性欲能够对人格造成那么大的影响吗？为了弄清楚这个问题，我们有必要带着一种批判性的态度来讨论每一条弗洛伊德所认为的产生或激发态度的途径。

人们发现有一部分情感或冲动的确是性欲目标受抑的反映，且观察到一些有价值的临床现象能为此充当依据。例如，可能是性爱前戏的柔情蜜意，也可能是性欲目标受抑的产物；性爱关系也可以升华为纯洁的爱情关系。施虐倾向如果以一种温和的方式，并合乎情理地控制他人的生活，也能满足他奴役他人的目的，虽然其初衷和本质令人质疑。不过，并没有任何证据能够证明，所有的对情爱和权力的追求欲望都是性欲目标受到压抑的表现。还有一点不能证明，即任何非性欲的源泉中都不会滋生出感情。母亲的关怀和爱护难道就不是一种感情吗？人需要感情，这种需要能够成为排除焦虑的最有力武器，而这种时候的需求基本上与性欲毫无关系——哪怕它可能沾染了一点儿性的色彩。可惜人们把这一点完全忽略了。同理，尽管控制欲可能是性施虐冲动被压抑的反映，但是这种控制欲很可能与虐待狂的完全不同。虐待狂的权力欲源自于脆弱、焦虑和报复冲动，而一般意义上的权力欲却是来源于力量感、领导才能，以及献身事业的热情。

在性欲升华学说里面，迄今仍然流行着一种武断的说法：性欲因素决定人的追求和态度。这种看法并没有多少资料来支撑，所以并不足以定论。根据观察发现，孩子的性好奇要是被勾起，他就有可能想要得到所有的一切；而要是他的性好奇得到满足，他的普通好奇心就会变得低落。不过，我们不能因此就下结论，说渴求知识就是没有性欲的性好奇。对多种研究都有旺盛的兴趣，可能是由许多原因造成的，有些原因往往可以追溯到他的童年，然而就算是这样，难道其本质就一定是性欲的？我看未必！有人对此持不同的看法，认为精神分析从来没有忽略过“超级的决定性因素”。这种论调显然使得问题更加复杂了。还有一种八面玲珑的说法，即所有的精神现象都是由多种方式决定的。不过这种说法显然有避重就轻之嫌，它并没有去触碰争论的核心，也就是最基本的根源是性欲根源这一观点。

也有的人说，非性欲冲动或习惯常常与类似于性欲冲动的某种怪癖同时存在，而且可能又同时消除。这个说法好像是有着充足的证据。例如，书痴或贪财的人很有可能在饮食上也表现得非常贪婪，而且可能会因此患上肠胃病，或者变得胃口不好。再如，吝啬鬼有时可能会便秘。再比如爱好手淫的人也可能喜欢玩单人纸牌，而且无论是玩纸牌还是玩弄生殖器都会感到羞耻、惭愧，并一次次地下决心要改掉这个毛病。

以上的这些例证对于性本能理论家来说无疑是一种诱惑，如果他们发现人的机体表现与精神态度有着如此频率的交集，一定会忍不住就要把谴责看成是本能基础，而把后者看成是前者所派生出来的玩意儿。实际上，对于那些性本能理论家来说，这可不仅仅是诱惑这么简单，依据本能学说的理论前提，只要这两种因素有共存的现象，就足以被他们定性为，二者有某种因果关系。可是，如果连这些理论前提也遭到质疑呢？那样的话这些现象频繁巧合根本就称不上是什么证据。虽然流眼泪与悲伤经常相随相伴，但是有什么证据能够证明悲伤是由于眼泪引发的？恰恰以前的本能理论家就是这样认为的[1]。今天，我们认为眼泪是以物质的形式来表现悲伤，却不会认为悲伤是以情绪的形式来表达眼泪。

对饮食的贪婪或许是平常多种贪婪表现中的其中一项，但不是贪婪的原因。功能性便秘[2]或许是常见的占有欲、控制欲者的多种表现的其中一种。某一焦虑促使人去手淫，而这种焦虑也可能促使他玩单人纸牌，但是我们如何证明玩单人纸牌的罪恶感是源于他在追求某种禁忌快感？比如说，如果他是一个注重外表的人，觉得外表的完美超过其他一切[3]，那么对于他来说，不能够控制自我，或者放纵自我，就足以让他自责了。

根据这条观点，非性欲冲动或习惯，与性本能表现，两者之间就不可能推断出什么因果关系。我们完全可以用别的方式来解释贪欲、控制欲、不由自主地玩单人纸牌游戏等。说得太细难免有跑题的嫌疑。简单地说吧，拿玩纸牌为例，去分析它时，也要把其他的类似赌博的因素考虑进来。比如，一个人因为可以依赖别人就不愿意自己努力，但是有时候他会感到自己在生活面前有种一无所依的孤独感，因而发愤图强，抓住一切有利的机会，全力掌控自己的命运。

---

① 参阅威廉·詹姆斯《心理学原则》(1891)。

② 参阅 C.P. 奥本多夫发表于《纽约医学杂志》(1935) 的文章《气喘病中的心理遗传因素》。

③ 参阅本书第十三章“超我”概念。

单就贪婪和占有欲而言，人们极易联想到那些精神分析资料当中所描述的“口腔的”性格结构或“肛门的”性格结构，可是在这里，贪婪与占有欲跟口腔、肛门完全无干，我们只把它们当成是早期环境经历的总体效应。这些经历在个人面对充满潜在敌意的世界时，以两种方式使他感到孤独无助，不敢把自己本来的一面表现出来，且对自己的创造能力，以及把控事物的能力也深深地感到怀疑。我们需要去探索，有的人为什么会产生依赖他人的倾向，为什么会费尽心机地从别人那里争取他想要得到的东西，甚至还心甘情愿地成为别人的利用工具，可能对方只是使用了一个醉人的微笑，或是一种恫吓，抑或是一个模棱两可的承诺；而有的人为什么会背对亲朋好友过与世隔绝的日子，为了获得安全感与成就感自愿困守在一堵围墙里。在后一种情形中，往往会是另一副严肃的表情，可能整个面孔都是僵硬的，嘴唇紧绷，时时缄默。

于是我们就有了另一种说法，双唇紧闭并非因为括约肌紧张，而是由性格倾向所引起的，完全不同的两种紧张指向了同一目标，即抓住已有的一切坚决不肯放手，无论是金钱、爱情，还是发乎于内心的情感。这一类人的梦境当中，他人会以粪便的象征形式出现，若用“力比多”理论来解释就是，因为他鄙视别人，所以别人出现在他的梦境中时才会显现为粪便。然而对于这一点我却有其他看法，以粪便象征人其实只是他鄙视人的表现之一。我要找出他平时鄙视他人和自己的根由：可能是因为承受能力弱，害怕别人鄙视自己故而用鄙视别人的方式来建立一种心理平衡，令自己的自尊心受到保护。说得更深一点，人经常滋生出施虐的冲动，仿佛贬低他人有助于拔高自己。同样，如果一个男人把性交与大肠排便等同起来，那么他在谈论肛交的时候就会用一种纯粹的描述方式。可是根据环境动力学来解释，可能就需要把他与女人或者男人互动时的所有情绪障碍都考虑进来，并因此获得结论，“肛交”概念可视为贬低妇女的施虐冲动的表现。

有关升华学说的证据资料也同样匮乏，这在下面的事实中可以看出来。升华理论这一假设，其物质基础往往只存在于理论当中。就好像悲伤感不必依赖于流泪，一个人拥有占有欲并不代表他一定是胃肠功能或其他机体功能有异常，对知识异常渴求并不代表他的饮食不正常，对研究有浓厚的兴趣并不代表是性好奇使然。

情感生活是性生活的仿造体，这个学说的一项重要功能在于，它能揭示某个人平素的态度与他的性生活或性功能之间有某些相似之处。或许之前从未有人这样想过，一个人不敢穿上滑雪鞋滑雪，或是态度中有对他人贬低的倾向，这些同性冷淡之间是否有着相似的地方？或者，感觉受到老板的欺骗与辱骂，与感觉受到性虐待，这两者之间有什么关联？有不少证据确实能够证明：性障碍，以及与其相类似的问题，同样也可能在一般性格特征里显现出来。当一个人不喜欢同他人交往，在情感上情愿保持独立，他在性关系方面也往往喜欢保持一种超然的姿态。不知餍足的人妒忌他人得到快乐，同样也吝啬将快乐给予性伙伴。喜欢勾起别人的期望而后又让他失望的虐待狂，同样也喜欢剥夺性伙伴所期望的满足——这也是早泄现象的原因之一。一个喜欢将自己当作牺牲者的女人，可能会把性行为看成是一种残忍、侮辱，并且可能会想到某个借口，毫无预兆地破坏性氛围。

在弗洛伊德的观点里，性障碍与一般障碍并不会相伴存在。他认为，一切怪癖的根源都是性怪癖。这个理论具有严重的误导性，难道一个人只要性功能好其他的一切就都好吗？事实上，精神神经质并不代表一定伴随性功能障碍。尽管有不少严重的精神神经质患者困扰于焦虑，连一些生产性的工作都无法胜任，或者还有典型的偏执狂倾向、精神分裂倾向，但是他们往往正是从性生活当中得到了最完整的满足。之所以敢于做出这样的事实推断，并非只是凭借患者的几句话，而是基于这些患者都能够明显地区别是否获得了满意的性高潮。

对此，坚决拥护“力比多”理论的分析家们颇有微词。我们可以理解他们的反驳心态，因为这是一个关键点，而且“性格取决于性欲”这一“力比多”理论的根本观点也依赖于此。另外还有一点，它还是倒退理论的根基。弗洛伊德认为，精神神经质的关键起因就是“生殖器”倒退回到“前生殖器”。所以他认为良好的性功能与精神紊乱两个现实因素不可能共存。为了令这一事实与“力比多”理论合拍，有人辩解说，某些精神神经质患者或许在生理上没有性功能障碍，但是他们与性伴侣的心理关系方面常常存在障碍，况且心理性障碍本就非常常见。

不得不说，这种论调当真荒谬绝伦！固然是这样，每一个神经质病例中患者与性伴侣之间都存在心理关系障碍，但是对于这些障碍我们完全可以给出不同的解释。包括我在内的一些人都认为精神神经质是由人际关系障碍所导致的，这些障碍会出现在他们的各种关系中，包括但绝不仅仅限于性关系。“力比多”理论进一步认为，即便是生理意义的性功能完全正常，但是前提也必须是“前生殖器”冲动被有效克服。可实际上呢？有的人确实患有神经质，但他的性功能并没有什么问题，这个事实充分证明了“力比多”理论的根本错误，再重申一遍，“力比多”的根本错误在于它认为性格取决于性欲的性质。

如果不用呆板的概念来定义，有一个发现其实对我们颇有助益：态度可能是针对当前冲动的自主抑制的反映。如，施虐冲动外现时可能会变成过分友善，但不能因此而否认基于良好关系的真实友善的存在；针对贪婪，抑制效应可能会外现为豪爽，当然，这也不能否定真实豪爽的存在[①]。

在涉及挫折的讨论中，弗洛伊德总是把挫折放在核心位置，在很多方面这都是具有误导性的。由于特殊环境的关系，精神神经质患者常常怀有某种挫折感，但挫折的含义并不能由此概括。有三个原因令精神神经质患者容易受挫，而且由此做出强烈的反应。第一个原因，他的许多欲望和要求都是由焦虑引起的，这些欲望与要求仿佛成了一种命令，令他的安全感受到挫折的威胁。第二个原因，他的期望与要求往往都无从实现，因为是那样的过分且自相矛盾。第三个原因，潜意识冲动诱发他的愿望，他企图通过将自己的意志强加给别人从而击败对方，结果没有击败对方的挫折感令他感到尊严大损，随后这种羞辱感又会令他产生更强烈的敌意。但是这并不是由愿望受挫所导致的。

---

① 参阅本书第十一章“自我”与“本我”。

弗洛伊德的理论认为，挫折可以引发敌意。但是实际上，无论是成年人还是孩童，但凡健康人都可能在经历各种挫折后也并不产生敌意。一个现实意义是，这种过分强调可能给教育事业带来麻烦：本来引发孩子敌意的因素是父母的某些态度，说白了就是父母的原因[①]，但是却偏偏遭到忽略，而使教育者和人类学家去强调一些偏离本质的因素，诸如断奶、生理教育、弟弟或妹妹的出生等。事实上，应该强调的不是“什么”，而是“为什么”。

除此之外，能够激发本能张力的挫折，又被看作焦虑性神经症的基本原因[②]。这无疑给理解焦虑性神经症增添了更多困难，人们会因此而陷入迷茫，认为焦虑性神经症就是“自我”对越来越强的本能张力的反映，从而看不清事实的真相。事实上焦虑性神经症是人格当中各种倾向相互冲突的结果。

挫折论还对精神分析治疗的潜力造成了严重的损害。因为挫折冒充了如此重要的地位，于是诱导了一种治疗建议的出现，那就是精神分析过程中可以应用挫折疗法，以便让患者对挫折的反应最大限度地表现出来。有关这种疗法带来的结果，当我们谈到治疗问题时再一并讨论[③]。

最后，就连潜在同性恋倾向也被弗洛伊德当作一种原理，用来解释顺从、依赖等诸如此类的性格特征，以及针对这些性格特征的对立反应。依我看来，这样的解释大抵是因为他未能理解受虐

① 参阅本书第四章俄狄浦斯情结。

② 参阅本书第十二章焦虑。

③ 参阅本书第九章移情概念。

性格的基本结构[①]，而之所以不能理解它，主要是因为他将受虐狂也归结于性现象了。

总之，与“力比多”学说相关的所有论点都缺乏论据，作为精神分析治疗的一项基石，这着实让我感到无比惊诧。对追求快乐归根结底就是追求性本能满足的这种假设，更是武断地登峰造极。而且，那些被拿出来的证明依据，经常是些“比较理想的观察”这一类的笼统言辞，完全没有任何事实根据。生理机能与精神活动或精神追求的相似点，竟被用来证明前者决定后者。他还轻率地认为，是性怪癖造就了与之同时出现并且具有某些相似性的性格怪癖。

然而，对于“力比多”学说批评最严厉的，还不是证据的确凿与否，毕竟某一个理论即便没有充足的依据，但也不妨碍用它来拓宽视野、深化理论，简而言之就是，它仍然可以是一条具有可操作性的假设。实际上，这个理论在弗洛伊德自己看来也是摇摇欲坠，所以他才会把它戏称为“我们的神话”[②]，但是他并不觉得用这个理论去解释其他原理有什么不妥，即便他承认它根基不稳。然而我们必须承认，在某种程度上“力比多”理论确实很有价值，比如对进行某些观察能起到引导性作用，有助于我们脱离偏见去看待性问题，并认识到它的重要地位，还帮助我们认识到了人的品性与性怪癖之间有一些相似点，有些性格倾向（“口腔的”与“肛门的”特征）时不时地出现巧合。它已经成为一种工具，能够帮

① 参阅本书第十五章受虐狂现象。

② 参阅西格蒙德·弗洛伊德《精神分析新导论》(1933)。

助我们辨识这些倾向之所以共存，其背后的那些功能障碍到底是什么。

关于“力比多”理论认为性是大部分态度和内驱力的根源，这也算不上是它的最大缺陷。我们完全可以在保留“力比多”理论核心的前提下，放弃“前生殖器”冲动的生理根源[1]，也放弃这些冲动的本质是性的说法。亚历山大实际上就默默地摒弃了前生殖器性欲理论，并且提出了自己的观点，即他所说的接受或争取，保留，付出与消除这三个基本倾向[2]。

其实，不管是弗洛伊德的性冲动，还是亚历山大的三个倾向，不管是口腔“力比多”倾向，还是受或取的基本倾向，都没有从根本上转变这一思维模式。亚历山大的尝试固然算得上一种进步，但是他的基本主张仍旧是人必须要满足某些基本的生理需求，而且这些需求强大到足以决定人的性格甚至整个人。

上面的这个看法才是“力比多”理论真正危险的地方。它的关键特点和关键缺点，都在于它是一个本能理论。它让我们看到某种倾向可以在人格中以多种形态出现的同时，也误导我们认为所有的倾向追根溯源都是性本能。这种误导的核心手段是，蛊惑我们去迷信只有揭示了某种倾向的肉体根源，才是“高深的”理论。

---

① 在后来的对口腔和肛门内驱力的具体生理根源的看法上，弗洛伊德的态度仍然是模棱两可的，他这样说：“我们尚且不清楚生理根源的联系是否能给本能带来某种具体的特征。”（参阅《精神分析新导论》中“焦虑和本能生活”一章。）

② 参阅弗朗茨·亚历山大《心理因素对胃肠功能紊乱的影响》，载于《精神分析季刊》（1934）。

精神分析宣称，它是一门深度心理学，并通过对潜意识动机的讨论来印证这一说法：所有高深的理论，都能够抵达受抑的情感、欲望、恐惧的深处。不过，但凡下结论必扯出童年冲动的这种做法，不得不让人觉得有些先入为主。显然这种做法是有害的。

首先，它容易让人曲解“自我”、与社会的关系、神经质冲突的本质、焦虑以及文化因素的作用等。这一点我们将在后文中具体讨论。

其次，它鼓惑人们舍本逐末。例如，我们本当教人领悟整台机器的内在联系，知晓各个零部件之间如何相互作用产生出特定的效果，并且了解飞轮为什么要安置在这里而不是别处，它发挥了什么样的作用，为什么需要发挥这样的作用等，但是现在却只是把注意力集中在了飞轮上，以为搞懂了它就等于搞懂了整台机器。我们不把性受虐倾向看待为整个性格结构中的表现之一，反而把全套性格结构，以及它的复杂性都解释为人在痛苦经历中产生性兴奋的结果。某个女人希望成为男人，我们分析其原因的时候不从她的整个人格出发去考虑，尤其是她的生活环境，再尤其是她的童年生活环境，而是从一个莫名其妙的角度，将她的整个人格结构解释为“阴茎妒忌”的结果。而且，诸如破坏欲、自卑感、矜持、怨愤、敌视男性、有受虐倾向，甚至怀孕、经期困难等,所有的复杂现象也都不管三七二十一统统被归结于“阴茎嫉妒”这一胡说八道的生理根源。

最后，心理治疗中本来不存在的某些局限性，因为它的出现而纷至沓来。弗洛伊德曾说，人无法改变生理决定的东西[①]，如果依他之言把生理因素当作一切的源头，人们必然以为精神治疗已经竭尽全力，继而无能为力了。

于是乎，取代“力比多”理论成为一个必要，但是用什么来取代它呢？我们在讨论某一个别观点时曾经有过暗示，而且本书后面也将会进一步说明。原则上有两种办法，一是从具体的角度出发，深入内驱力中弗洛伊德视为本能的那一部分，二是从整体角度出发，将内驱力本身的性质探讨明白。

内驱力当中有一些是本能的或基本的。仿佛这些内驱力不可抗拒，它们迫使人不得不朝着某个目标前行。这是一种追求满足的冲动，为了到达那个目标，甚至可以违背个人利益原则。人受控于快乐原则就是这一部分“力比多”理论的基础。

但是，就是弗洛伊德自己也意识到，神经质患者往往表现出一些不可理喻的盲目冲动，他认为神经质患者与普通人只有在这点上有所不同。健康的人不会一直凝视着那些当时得不到的满足，而是会在以后再伺机获取它。可是对于神经质患者，这些冲动就具有了强迫性，几乎不可延迟。弗洛伊德附加了两个假设来解释这一区别。一、快乐原则对于神经质患者的控制力更加强大，必然表现如婴儿一般，为了获得即时满足愿意尝试任何手段。二、神经质患者身上的“力比多”具有一种奇异的“胶着力”。关于这种笼统的所谓“幼稚病”解释原则，我将在以后找机会做深入讨论。

---

① 参阅西格蒙德·弗洛伊德《可终止和不可终止的分析》，载于《国际精神分析杂志》（1937）。

至于“力比多”“胶着力”这种说法，不过是因为无法合理解释上述现象而做出一种猜想罢了。

某些内驱力难以抵抗——这一弗洛伊德观察到的现象，对于神经质患者来说毫无疑问是具有建设性价值的。神经质当中的某些冲动，如自我膨胀、喜欢依附他人生活等，甚至比性欲本能还要强大，一个人的生活在很大程度上都要受其左右。然后问题来了，我们当如何解释这种力量？正如前文所言，弗洛伊德将它解释为一种追求满足感的本能冲动。

可实际上，这些内驱力的力量源泉只是满足需求与安全需求。除了快乐原则，还有两个原则支配着人类，即满足原则与安全原则[①]。神经质患者比心理健康者有着更多的焦虑，为了获得安全感，必须要付出更多的精力来消除纷至沓来的焦虑，这是一种必要，也正是这种必要赋予他力量和勇气去追求。人若能放弃满足需求，自然也就能放弃食物、金钱、关爱、情感，但是假如没有了这些东西，人也就可能置身于或感到贫困、饥饿、无助了，换言之，放弃这些东西就意味着失去安全感；而失去了安全感，就意味着必须去争取这些东西。

冲动力不光是满足需求使然，也是焦虑使然，这一点我们完全可以用一种实验般的精度来验证，好比那些有着寄生倾向、无餍足索取倾向的人，当别人停止了对他们的供给、帮助或关怀时，

① 这两条原则的重要性一些专家已经认识到了，其中就有阿尔弗雷德·阿德勒，以及H.S.沙利文。然而，他们对焦虑的作用的认识仍然不够充分。焦虑可以揭示为何用刻板的方法追求安全感。

焦虑就会应时而生，甚至还会多少滋生出一些怒火。让他们“自己动手丰衣足食”简直是不可想象的。相反，如果他们得到了想要的东西，如进食、购物、受关注或被关心，焦虑感就会大大减轻。有些人的冲动表现为与别人互动的时候总想占上风，自己永远是对的，这类人欣赏正义与权力，不仅如此，当他们判断错误或者处在人群当中（如在地铁里），他们就会感到极度害怕。贪爱钱财、收藏品或知识等的吝啬之人，如果置身于大庭广众之下，或者感觉隐私有被人侵犯的可能，他们同样会感到恐惧，甚至在性生活当中也会感到焦虑，有可能爱对于他们来说就好比是一种危险，与人谈论一些生活细节尤其是涉及自己的生活时也会感到焦虑不安，反复地思考。这种类似的情况也可能在自恋者或受虐狂身上看到，不过这些都将放在以后讨论。这些案例有着惊人的一致性，所有的这些追求，无论满足感是隐蔽的还是表面化的，都带有一种“必须”的特点，固守着“必须这样不能那样”的原则，而这些特点的根源无非是为了减轻焦虑的防御策略。

在我以前的作品中，作为防御对象的焦虑，我将它作为基本的焦虑进行过描述，我把它定性为面对可能存在敌意的世界的无助感。于精神分析思想而言，这个概念还比较生僻，因为这种思想的重心是“力比多”理论。与它非常相似的精神分析概念，是弗洛伊德的“真正”焦虑。这个概念也讲对环境的恐惧，但它只与个人的本能冲动相关联。它的主要含义是，孩童害怕因为去追求被禁止的本能冲动，而被环境惩罚，或被阉割，或被夺走关爱。

相对弗洛伊德的“真正”焦虑概念，基本焦虑这一概念显然更为全面。它认为：人对环境所持的态度，总体是害怕，他会觉得环境不可靠、充满虚伪、不公平、缺乏温暖、吝啬。从这个概念的角度去分析，孩子不仅害怕因为追求被禁止的欲望而受到惩罚或被遗弃，而且整个大环境在他眼里都是愿望、追求及发展的威胁。他感应到了一种危险，这种危险就是自己的个性有可能被抹杀，自由有可能被剥夺，幸福有可能被禁止。相比“阉割恐惧”，这种环境恐惧更具有说服力[①]，因为是有着现实基础的。孩子在遇到产生基本焦虑的环境时，不能自由发挥自己的能力，自尊与自强也遭到摧残，惊吓与孤独蔓延为恐惧，开放的天性也在规矩、宠爱或放纵之下扭曲甚至丢失。

基本焦虑又衍生出另外一种基本因素，即孤独无助感，在这种感觉里的孩子更加无力去抵抗外部侵犯。这种无助和对家庭的依赖不单是生物学意义上的，而且连维护自己的权利也得不到支持。孩子通常会把自己的不满藏在心里，如果表达出来就会有一种内疚感。他还必须压抑敌意，不然焦虑将更加猛烈、迅疾，因为对一向依赖的人有了敌意，敌意本身就成了一种危险。

孩子只能以建立某种防御策略的方式来应对这类情景，这种策略令他能够抗衡这个世界，并且得到获取满足感的希望。至于他会采取什么样的策略，是由所处的整个环境的综合因素来决定的，是追求控制呢，还是倾向屈从？是乖顺呢，还是高竖壁垒把自己围困起来，并杜绝外人闯入？所有能采取的方法都取决于现实条件。

---

① 参阅西格蒙德·弗洛伊德《自我和防卫机制》(1936)。

弗洛伊德虽笃信焦虑是“精神神经质的核心问题”，可是他并不认为驱策人去争夺某个目标的动力因素是焦虑本身。

只有认识到焦虑的这个作用，对于理解挫折的作用才能够更加容易。很显然，我们很容易地接受了快乐受挫原理，比弗洛伊德想象的还要容易，不仅如此，我们甚至还喜欢上了这个原理，前提是它能够确保没有危险。

我们必须引进新的术语以便理解。我建议将这个术语称为“神经质倾向”，是说某些冲动的力量源自于对安全的追求，并由安全追求而定。它与弗洛伊德的“本能冲动”和“超我”概念有很多相类似的地方。弗洛伊德将“超我”看作多种本能冲动的复合体，而我首先把它看作一种安全策略，也即达到完美的神经质倾向。弗洛伊德把自恋癖和受虐狂的本质看成是本能倾向，而我却把自恋癖看成是自我膨胀的神经质倾向，把受虐狂看成是自我贬低的神经质倾向。

将我的“神经质倾向”与弗洛伊德的“本能冲动”放在一起对照，是便于比较我们两个人的观点，不过如此对照还有两个方面存在歧见。第一个是,弗洛伊德认为所有的敌意侵犯本质上都是本能的。我则认为如果患者的安全感并不需要依仗敌意来获得，那么它顶多就是一项神经质倾向。否则的话，我就不会把神经质敌意看成是神经质倾向了，而会把它看成是对这种倾向的反应。比如，自恋癖者发出的敌意，是因为别人不认同他的自豪感，而产生的反应；受虐狂发出的敌意，是感受到被虐待或因为被虐待而生出报复欲望时产生的反应。

另一个有歧见的方面不必说大家就会明白。我认为平常意义的性欲是一种本能，而非神经质倾向，但是性冲动也有可能带上神经质倾向的色彩，因为为了减轻焦虑，不少神经质患者也需要得到性满足（如手淫或性交）。

艾力西·弗洛姆则把内驱力看成是本能，提出了一条更加全面的解释①。他认为，想要摸清人格，以及人格中存在的问题光有本能理论还不够，还需要参照其生活的整个环境。对于环境对人的影响力，事实上弗洛伊德并没有忽略，只是他将它完全看成了塑造本能冲动的因素。从我上面的粗略讨论来看，处于核心地位的定然是环境，以及其他的复杂联系，而在各种环境因素当中与性格塑造关系最大的，一定是童年的成长过程中的交际环境。总而言之，在精神神经质中，人际关系的障碍才是构成病症的各种冲突倾向的病源。

最后，将我们观点之间的区别简要概括一下。

弗洛伊德的概念认为，精神神经质患者不可抵制的需求是本能，或者是本能的派生物。他相信，环境对于人的影响，仅仅只是强化本能冲动，或将本能冲动特殊化。

我所提出的概念认为，这些需求并不是本能的，而是一种心理策略，是童年阶段产生的对付危险世界的需求。

弗洛伊德将它们归结为基本本能，同时赋予它们这样一个力量之源——唯一的赖以获取安全感的手段。

---

① 他在一些未公开发表的手稿中，以及主要以社会学问题为主的一些讲座中更深入地阐述了这个问题。

第四章　俄狄浦斯情结

弗洛伊德的俄狄浦斯情结，是指对父母中的一方存在性依恋，而对另一方则是嫉妒。他将这种现象归咎于生物学定律。但是，父母的照顾让孩子的身体需求获得满足，也可能是一种诱因。实际生活当中，各人的家庭环境并不一致，这就导致个体丛渴望并不相同,进而导致俄狄浦斯情结有着种种变异。这是因为“力比多”发展的阶段不同，在质上也就形成了差异，对父母的生殖器欲望是这些欲望的最高体现。

因为这种个体丛是生物学意义上的，所以在各个方面都有它的影子。这一假设又延伸出另外两个与之密切相关的假设。首先，弗洛伊德并未在大多数健康的成年人身上发现有俄狄浦斯情结，因而就假设，在这些人身上的俄狄浦斯情结已经被成功地抑制住。正如麦克杜格尔所说的[①]，这一结论对于那些不相信俄狄浦斯情结的生物学性质的人来说，其说服力等于零。其次，弗洛伊德通过大量观察发现不少母女、父子的关系很特别，于是提出应将这个概念进行扩大，扩大后的概念指出，同性间的逆向俄狄浦斯情结与正常异性间的俄狄浦斯情结的重要性是同等的。依此观点我们

① 参阅威廉·麦克杜格尔《心理分析和社会心理学》(1936)。

举例，女儿对母亲的依恋也预示着将来必定对父亲依恋。

弗洛伊德笃信，俄狄浦斯情结具有普遍性，其依据基础就是“力比多”理论给出的预先假定。如此一来，但凡人们接受了“力比多”理论，就意味着必须也要接受俄狄浦斯情结的普遍原理。正如前文所述，“力比多”理论认为追根溯源本能冲动才是一切人际关系的基础。

如果在子女同父母的关系方面运用这个理论，似乎就能得到这样的推断：是口腔混合欲派生出了子女以父母为榜样这一现象；对父母的依赖表现，很可能是口腔组织被强化了的原因[①]；儿子对父亲的顺从，或者女儿对母亲的顺从，极可能都是被动同性恋或性

---

① 下面引用奥托·弗尼契尔的一段话：一个从小患有胃病的小女孩，因为实行饥饿节食而引发了强烈的口腔欲望。生病期间，她一度养成了喝完牛奶就扔奶瓶的习惯，有时扔到地板上，有时还将它弄破。在我看来，这个举动包含这样的心理：我要这个空瓶子有什么用，我要的是装满牛奶的。对于一个小女孩来说，这已称得上是贪婪了。口腔固结表现为极度惧怕失去爱，以及对母亲狂热依恋。正因为如此，三岁那年当她的母亲再度怀孕时，她感到无比地颓丧。（参阅奥托·弗尼契尔《视淫本能和认同》，载于 1937 年的《国际精神分析杂志》。）

这篇报告隐含了这样一个假设：女孩对母亲的强烈依恋，害怕失去母爱，敌视母亲，对母亲发脾气，都是由于口腔“力比多”的增强所导致。报告省略了所有我认为与该现象有关的因素。饥饿节食确实是一项重要因素，因为它可以引起孩子对食物的偏执，但是我觉得最首要的还是要搞清她的母亲是如何对待她的。我觉得这个小女孩好像还是一副待在妈妈子宫里的状态，因为受到了期望外的对待，强烈的焦虑和敌意就产生了，继而对温暖和溺爱的需求也增加了，再进一步，妒忌，以及被拒绝、被抛弃的恐惧也被强化了。除此之外，我觉得引起她发脾气、在想象中搞破坏的原因，一方面来自于她母亲的态度，另一方面也是对爱的独占欲望得不到满足而产生愤怒的结果。

受虐倾向的表现;反过来，儿子对父亲的叛逆、女儿对母亲的叛逆，倒成了内心抵抗同性恋欲望的表现。概而言之，所有子女对父母的爱与情，都可定义为性欲目标受抑的反应；恐惧的主要源头是害怕因违反禁欲（如乱伦、自慰、嫉妒）而被惩罚，然而这种害怕又对肉体获得满足形成阻碍（如怕被阉割，怕遭受冷落）；最后，对父母的敌意要么是源于本能冲动受抑，要么就是性竞争的终极表现。

由于实际家庭关系中确实存有这样的情感或态度，正如所有的人际关系中都有它们的影子一样，对于“力比多”理论的信徒们来说，这就足够光辉俄狄浦斯情结的形象了。后期患有精神神经质或精神病的人与父母之间固然有着密切的关系，无论这种关系的本质是性欲的还是非性欲的，弗洛伊德能够“力排众议”解读出这样的含义的确功不可没，然而依然存有疑问，是生物学上的原因导致孩子对父母的固恋呢，还是某些可以描述的环境导致的？我是坚持相信后者的。大致说来，有两组环境条件可以造成子女对父母的更深依恋，虽然它们不一定有关联，但的确都是父母造成的。

简单来说，第一个环境条件是父母带来的性刺激。这可能是由于父母对待孩子时采用了一种错误的性态度，也可能是由于父母的爱抚带有了性的意味，还可能是由于家庭成员间太过亲密甚至暧昧，或者是有不公平的偏袒和疏离。父母的这些态度，不排除他们有感情上的危机或者性生活的不和谐，而且，根据我的经验来看，还可能有更加复杂的原因，但是这些都超出了我们所要讨论的话题，因此不再赘言。

第二个环境条件与第一个环境条件的性质截然不同。在上一个环境情形里，孩子对性刺激确实有反应，但是在这一个环境情形里，与任何自发的或诱发的性欲都无关，而只与孩子的焦虑有关。后面我们将会看到，是需求，以及内在的冲突倾向导致了焦虑，而典型的引起孩子焦虑的冲突就夹在它们俩的中间：过分依恋父母—孩子的孤立感和恐惧感加剧—敌视父母。引起孩子敌意的方式可谓多种多样：得不到父母的尊重；被父母下了禁令或被无理要求；被压抑或被批评；父母没有做到公正或者不讲信用；父母以爱的名义做出上述行为；为满足野心或获得特权而虐待孩子。如果孩子一方面依恋着父母，一方面又害怕父母，并因此感到抗拒父母是种危险的举动，那么焦虑就会在这种充满了矛盾的敌意中产生。[①]

恰恰，减轻这种焦虑的其中一个方法就是依赖父亲或母亲当中的一方。如果孩子因此能够得到那一方的安慰，他必然会这么做。这种出发于焦虑的依赖，很容易让孩子误认为就是爱。这样一来，虽然未必一定会，但却很容易带上性的色彩。神经质情爱所需要的各种特点它都带有，换句话说，这种需求是由焦虑主宰的对情感的需求，正如成年神经质患者所表现出的：他会把依赖、贪婪、妒忌或者占有欲等指向所有干扰或者可能干扰到他的人。

这些特征所描绘成的图画，看上去几乎与弗洛伊德所描述的俄狄浦斯情结没有任何区别，都是狂热依恋一方而妒忌另一方，或

① 参阅劳伦斯·F. 伍利《儿童时期不适当磨砺对情感张力的影响》，载于《精神病学季刊》(1937)。

者妒忌任何对他的独占欲构成威胁的人。然而，我所知的绝大多数经验里，孩子都是依恋父母的。虽然这种依恋在神经质患者的身上都有体现，也都属于此种类型，但是它们的动力结构却完全与弗洛伊德的俄狄浦斯情结不同。依我看，与其说它们是一种性现象，毋宁说它们是神经质冲突的初期表现呢。

将它与另一情形，即主要由性刺激诱发的性依恋进行比较，可以看出最大的不同点所在。在主要由焦虑引起的孩子对父母的依恋中，有关性的因素并不是本质的，它可能存在，也可能完全不存在。另外，由焦虑引起的性依恋，其目标只是安全感，而在乱伦性依恋的情形中，目标却是爱。所以，在前一种类型中，孩子会去依恋父母中更为威严有力的一方，因为赢得了他或她的爱，就意味着能够获得更大程度的保护。而在后一种类型中，孩子所依恋的对象，却是父母中能够引起其爱意或性欲的一方。关于前一情形我们举一例子，一个女孩在与丈夫的关系中隐约表现出了早先时候她对专制的母亲的那种依恋味道，难道是说女儿认为丈夫代表了母亲吗？显然不是。我给出的分析是，女孩童年时期依恋母亲是因为内心焦虑的原因，而现在焦虑仍未减轻，所以又把这种依恋转嫁到了丈夫身上。

上面的两种依恋类型都称不上是生物学现象，而应看作对外部刺激的一种反应。俄狄浦斯情结本质上并非生物学原理，人类学方面的观察似乎已经证实了这一点，观察的结果表明：出现这种情结与家庭因素的整体效应有关，例如父母的威严效力，家庭对外界的开放程度，家庭规模的大小，对性的禁忌程度，以及与之类似的因素等。

还有一个亟待解疑的问题：排除外部刺激或焦虑的干扰，正常情况的孩子会否自发产生性情感？虽然我们的了解仅限于有精神神经质的孩子和成人，但我还是觉得，并没有什么证据能够证明生来就有性本能的孩子不会对他的父母或兄弟姐妹产生性意念。人们当然可以质疑，若没有其他因素存在，这种性意念能否在强度上与弗洛伊德在俄狄浦斯情结所描述的那种强度相对等。弗洛伊德认为一旦性欲觉醒，所表现出来的威力极为强大，甚至足以引发恐惧和妒忌，唯有压抑自我才能消除这些恐惧和妒忌。

俄狄浦斯情结理论为当今教育带来了极大的影响。正面的影响是，为人父母者在它的帮助下可以认识到，过分放纵情欲，诱发孩子的性欲，过分溺爱孩子实行“温室栽培”，或者将性神秘化令之成为禁忌话题，这些都会对孩子造成不可估量的伤害。负面的影响是，它可能会误导父母，让他们以为启蒙孩子的性意识，宽容孩子的手淫行为，不体罚他们，大人享受性爱时隔绝孩子的耳目，不让他们过分依赖父母，只要做到这些就万事大吉了。这些想法的危险之处在于缺乏全面考虑，即便一丝不苟地将它们做得滴水不漏，也可能为以后患上神经质埋下祸根。我们不禁要问，为什么会这样呢？答案是，许多因素被认为微不足道，不值得引起重视，然而事实上它们与孩子的成长密切相关。这与回答精神分析治疗法为什么效果并不十分令人满意的答案是一样的。不过，我在这里还是要说，父母的这种态度确实是真心关怀孩子，并且尊重他们，是一种温暖的照拂，他们的这种品质是无私可靠的。

不过，这种片面的性倾向并不像原先想象的那样能给孩子造成不可逆转的伤害，最起码精神分析家为教育家们提供的建议就非常有用，也是非常合理的。因为这些建议有一个重要功能，那就是劝导人们如何避免某些细节性错误的发生。但是像前面那些涉及了一些重要因素的建议，虽然能够创造有利于孩子成长的环境，可是具体实施起来却非常困难，因为它们需要有质的改变。

俄狄浦斯情结被认为是有价值的，这主要是因为这种情结对后期的人际关系能够产生更大的影响。弗洛伊德认为，在以后的各个成长阶段当中，对待他人的态度在相当大的程度上是俄狄浦斯情结的反复重现。若依照这个逻辑，我们不妨举例：某个男子对其他男人不屑一顾，这可能就暗示说，他正在抵制曾经对父亲或兄弟产生的同性恋倾向；一位妇女不能自然地对自己的女儿表达母爱，就意味着她将自己与女儿等同了起来。

这种观点的漏洞将在以后涉及重复强迫理论时一并讨论。这里我只想说：既然认为孩子对父母的性依恋是儿童期的正常现象——这一观点并没有确凿的依据来证实——那么又把孩子长大后的各种怪癖归结为儿童时期的性依恋，以及针对这种依恋的反应，难道不是自相矛盾吗？这一类解释有一项功能就是能够为解释者增添底气，令他坚信俄狄浦斯情结发生的频率非常之高，并且能够产生非常巨大的影响。但是用这种模式提供证据，在逻辑上就好像是在循环论证吧？

如果我能够脱离俄狄浦斯情结的理论含义的束缚，所谓的俄狄浦斯情结也就不存在了，剩下来的倒是一个纯粹的妙理：人早期的整体人际关系在塑造人格之时发挥了难以估量的作用。后期对待他人的态度，便是来自于这种在童年阶段就打下了基础的性格结构，根本不是什么早期经验的反复重现。

第五章　自恋概念

在心理分析文献中，自恋[①]有了另外的内涵，临床上很难给它下一个精确的定义，它所包含的形式相当广泛，比如，自尊、虚荣、骄傲、贪图名利、苛求他人爱自己却不能爱他人，疏离群体，有理想，有创造欲，对健康忧虑，注重外表和智力水平。上面的这些自恋现象有一个共通之处，那就是太过关心自己，或者确切点说就是只在乎自己的态度。这种情形容易令人迷惑，因为“自恋”这一术语只与发生学含义相挂钩，以此表明造成这些现象的根源就是被称为自恋“力比多”的东西。

与临床上模棱两可的定义相比，发生学含义对它的定义就比较精确了：如果某个人极度爱恋自己，那就是自恋。格雷戈里·齐尔伯格说：“自恋”并非通常所认为的以自我为中心、自私自利，它是一种心理状态，是人自然流露出的一种态度，当个人处于这种心态时，只对自己产生爱憎而暂时忽略别人，但并不是说他对别人没有爱憎，凡事只感受自己，而是说他的内心眷恋自己，每每

① 弗洛伊德给“自恋”的定义是，个人对于自我投注“力比多”兴奋的状态。也就是说，他将本来应该投注于客体对象的“力比多”，反投注到了自己身上。这样患者与他人就无法建立有效和融入的亲密关系。

在自己的心镜前自我可怜、自我欣赏[①]。

这个概念最关键的部分是，它认为自我关注或自视过高就是自恋的表现。弗洛伊德竭力佐证说，当我们迷恋一个人的时候，不就是完全忽视其缺点，仿佛缺点根本不存在，而优点却被无限放大吗？所以说，自我关注和自视过高的人毫无疑问就是自恋的表现。这个假设与"力比多"理论就仿佛是一对孪生姐妹。在"力比多"理论的支撑之下，确实可以肆无忌惮地视自恋为以自我为中心，而正常的自尊和理想可以看作自恋派生出的无性欲表现。但是如果我们不承认"力比多"理论，这个假设显然也就成了一个武断的论点了[②]。在临床上，只有极个别的例子与之相似，但大部分的例子都不能证明它是正确的。

如果我们换一个角度，抛弃发生学含义，而从实际含义来思考自恋，在我看来自恋的本质应该等同于自我膨胀。与通货膨胀非常相似，心理膨胀也是自我赋予的价值太多，以至于超过了实际价值。它意味着此人迷恋自己，羡慕自己，基于的是一种缺乏足够依据的价值[③]。同样的，它也意味着此人期待别人的爱与赞赏，却不具备或者具备的素质不如自己心目中的那么多。我认为，某个人为自己确实拥有的某种素质而沾沾自喜，甚至希望别人也重视这种素质，那么这就不能算是自恋。自视过高、希望获取与自身价值不对等的赞赏，这两种倾向不可能泾渭分明，它们经常相

① 参阅格雷戈里·齐尔伯格《孤独感》，载于《大西洋月刊》(1938)。

② 参阅迈克尔·巴林特《自我的早期发展阶段》，载于《形象》(1937)。

③ 这里强调的是根据不足这一事实。人对自己、对他人的看法或幻想，并不是完全没有根据的，只不过可能会把自己的实际潜力过分夸大而已。

伴相随，只不过存在的方式有所不同，各有重心罢了。

我们需要另外寻找答案来解释人为什么会高抬自己，因为生物学上的推测趋向于将这种倾向归根于本能，这令我们不太满意。所有的精神神经质现象都表明，这类患者的人际关系存在严重障碍，前面几章我们提到，这种障碍是由童年时期的环境影响而产生的，最关键的因素是，孩子因为悲伤和害怕而自我隔绝，自我疏离，与他人的积极感情纽带愈发脆弱，甚至爱的能力也逐渐丧失，自恋倾向因此得以发展。

这种不利的环境还导致了他的自我情感也发生故障。情况严重时不仅意味着自尊心受到创伤，连自发性也被压抑[①]。各种影响产生了以下的作用：父母永远是对的，其权威不容置疑，最后导致孩子为了安全考虑而唯唯诺诺，不再有自己的主张；父母愿意牺牲自我，这样的态度令孩子觉得也应该放弃自己的权利，为父母而活；父母将自己的期许强加给孩子，以天才或者公主的规范来要求他们，这样就使孩子产生错觉，以为父母喜欢的是那样一个自己，而不是真实的自己。以上的这些影响尽管表现方式各有不同，但是都可能导致孩子因想得到爱，或被人认可，而规矩地遵照别人的期许来做。父母或强硬或温柔地将自己的意志塞入孩子的心灵，孩子虽然会感到害怕，却不得不兢兢业业地循着父母画好的路线行走，渐渐就失去了詹姆斯所说的“真实的自我”。孩子自己的意

---

① 第一个指出丧失自我对神经质的意义的是艾力西·弗洛姆，他在关于权威的讲座中提到了这一点。另外，奥托·兰克在他的意志与创造力理论中也包含了类似的因素。参阅奥托·兰克《意志疗法》(1936)。

志、愿望、情感、爱憎、兴趣甚至悲伤等，都变得麻木了，因此对于自身价值的衡量能力也丢失得越来越多，他开始依赖别人的意见，别人认为他怎么样他就怎么样，说他坏他就自认为坏，说他傻他就自认为傻，说他聪明他就自认为聪明，说他是天才他就认为自己是天才。对于大部分人而言，尽管自尊同样依赖别人的评价，但只是在小程度上，可是对于他来说，只有别人的评价才是衡量标尺。

能够促成这类情形的，还有一些其他的影响，比如自尊心被打击；被父母贬斥是个坏孩子，他便时时感到自己是个坏孩子；父母偏袒，令他的安全感变得脆弱，继而不惜付出一切也要超过兄弟姐妹。还有一些因素更是直接伤害了孩子的自主性、独立意识与自立能力，以及创造力。

孩子往往会采取一些方式来对抗这种压抑的生活环境，比如，对规矩（超我）明则遵守暗则逃避，强迫自己恭顺谦让，依赖他人（受虐倾向），自我膨胀（自恋倾向）。选择哪一种方式或者主要选择哪一种方式，取决于具体的环境情形。

自大，能让人获得什么呢？

幻想自己为人中之龙，某些痛苦就仿佛变得微不足道了。他或许会有意识地把自己幻想为一个王子、天才、总统、将军、探险家，也或许会无意识地模糊自己的存在感。他越是疏远他人，甚至疏离自己，这些意念就变得越具效力，甚至能取代现实。这并不是说他会因为这些意念而变得像精神病患者一样将现实世界抛出精神世界，而是说他会赋予现实一种短暂性，就好像基督徒把现实世界当成过渡，而天堂才是生活的真正开始一样，他那伤痕累累的自尊被自我意念暂时替代了，幻想出的自己成了他“真实的自我”。

孩子创造一个童话世界，在那个世界里他是主人，是英雄，失宠、失爱的创伤因此而得到抚慰。他可能会觉得，之所以这样的自己遭到拒绝，遭到轻视，遭到厌弃，都是因为自己实在太优秀了，以至于浅薄的别人无法理解。我一直在思量，难道这些幻想仅仅只是给患者带来一些补偿性的可怜的满足感吗，难道将他从痛苦和煎熬当中拯救出来就真的无能为力吗？

最后，自我膨胀的人还会表现出交好别人的意愿。如此的自己若是不能被他人喜爱、尊重，那么至少也应该得到别人的钦佩，哪怕只是关注。他会想当然地认为，获得了钦佩就等于获得了爱。照着这个思维逻辑继续延伸下去就会是，得不到别人的钦佩，就证明自己毫无价值。他已经不能容忍任何低于期望的客观评价了，更别说是批评了，不会去想这种态度也可能是一种爱的表现。对他来说，不崇拜他就是不爱他，怀疑就是敌视。他以从别人那里得到的赞赏和奉承来衡量他人，凡钦佩他的才可以是好人、有智慧的人，反之就不值得他去理会。所以，他的满足点是获得别人的钦佩，同时安全感也依赖于此，因为唯有这样他才会觉得世界是友好的，自己是强大的。可是这种安全感根本没有稳固的根基，一旦倒塌他就会陷入局促不安当中。实际上，就连钦佩他人，也会产生同样的后果。

这样就出现了某种性格倾向的组合，为了方便理解我们称之为基本自恋倾向。自我同他人的疏远程度，以及焦虑的大小决定了它会否进一步发展。如果他的早期经历给他造成的影响并非不可逆转，或者后期的环境变得比较有利，那么这些基本倾向就可能被克服，反之，它们就会在以后的日子里得到强化。主要有三个强化因素。

第一，日渐增长的无力感。用超越他人的方式来证明自我是一股强大的动力，在这种需求的驱策下，急需要做出某些成绩以令周围的人认同自己,或令别人喜欢自己。但是这种动力也暗含危机，就是可能在做事的时候一意孤行，只求结果而忽略效果。这种人选择一个女人的目的，并不是因为她有多么优秀，而是因为征服她能给他带来某种成就感，或者是能够提高他的现有威望。只要能引起别人的关注，他愿意创作一个作品，但是作品本身绝不是他心目中的重点。真实情况是什么对他来说都是次要的，重要的只是形象是否光彩。一个危险就这样产生了:创造力被浅薄、浮夸，以及投机取巧给扼杀。以这种方式赢得的荣耀并不能给他带来长久的安慰，他会隐隐感到不安，虽然并不知道为什么会不安。为了缓解这种不安，还有最后一条路可走，那就是继续加强自恋倾向，去追求更多的成功。结果就是自我膨胀得越发严重。有时候，令人极为困惑，他竟然有这样的一项本领，能把缺点说成是优点，能把失败说成是成功。他的作品没有得到期待中的认可，他就说那是因为自己超越了时代；他不能与家人或朋友和谐共处，那是因为他们有问题。

第二，对周围世界的不当期待。就好像别人总是欠他的一样，他是天才，这是当然的，别人应该无条件地承认这一点，根本不需要他去证明什么。女人应该主动地对他另眼相看，而不需要他去付诸行动。如果一个与他交好的女人转头爱上了另一个男人，他的内心里会觉得这很不可思议。这类态度的典型特点是，期待自己不主动、不行动就能获得忠诚和赞誉。还有这样的特点：期待的目标非常明确，而且，由于个人的自发性、创造力和主动性受创，再加上害怕别人，所以期待就变得非常有必要。此外，他的内在能力也被原来令他产生自我膨胀的因素麻痹了，所以他会坚持认为只有依靠别人才能实现自己的期望①。人们尚未意识到，在此过程中，有两条路径令得自恋倾向被强化了，首先，为了证明他对别人的要求是正当的，就必须强调自己的所谓的价值；其次，为了掩盖不当期望必然带来的失望，他必须一再重复这种强调。

第三，人际关系的不断恶化。那些高抬自我的幻想，以及对别人歇斯底里的期望，必然令他变得非常脆弱。由于他的期许被周围的环境无情地忽视，他经常感到自己被伤害了，对于他人的敌意也愈发强烈，自己更是倍感孤独，最终只能躲藏在自己的幻想中饮鸩止渴。另外，因为他把不能实现幻想的目标的罪责归咎于别人，所以对别人的怨恨也逐步加剧，结果就是一些不道德的品质在他的身上出现了，比如堂而皇之的利己主义，憎恨、猜疑、

① 这个过程对神经质的重要含义，在H. 舒尔茨·亨克的《命运和神经质》(1931) 一书中曾有阐述。他宣称任何一种神经质都有一个基本的过程，并非没有顺序。概括来说便是恐惧—惰性—过分的要求。N.L. 布里茨恩在他的文章《一情双重心》[载于《神经病学和精神病学档案》(1936)] 中也强调了诸如希望不劳而获，对他人过分要求等性格的含义。

冷漠——假如他们不能赐予他荣誉的话。与他自视为人中龙凤的观点相对照，这些卑劣的品行自然是完全背道而驰了，这已经不再是普通意义上的缺点了，所以他必须把它们掩藏好，或者压抑住，也或者是经过一番粉饰再让它们出现，更甚者是干脆否认它们的存在①。这样一来，自我膨胀除了拥有保护伞的功能外，还有了遮羞布的作用。不过，这倒是符合这么一条格言了：我是人中之龙，这种缺点我不会有，我也不可能有这种缺点。

同样是自恋倾向，但表现在各人身上时时会各不相同。要了解这些区别，我们需要参考以下两个关键因素。首先，如幽灵般的钦佩需求，在现实生活当中或只在幻想世界当中，其肆虐程度有多严重。简单来说就是，个人精神错乱的程度，这个程度可作为一个量化因素。其次，自恋倾向与其他的性格倾向以何种方式结合。比如说，它们可以和完美主义倾向、施虐倾向和受虐倾向②结合在一起。至于如何解释这种结合的频繁出现，我们有这样一个事实依据：它们的根源有着共通点，对类似的不幸给予了不同的解释方法。在精神分析的文献资料当中，之所以自恋癖表现得那么自相矛盾，有部分原因是因为我们还没有认识到，自恋癖只不过是众多因素组成的复杂性格结构中的其中一项具体倾向。而赋予人格特定色彩的，是诸多倾向的结合体。

自恋倾向也可以与自我孤立倾向相结合，后者常出现在精神分

---

① 自我膨胀引起的压抑，要略轻于完美追求引起的压抑（参阅本书第十三章“超我”概念）。一般来说，但凡与自我膨胀形象不符的倾向都会被否认或者粉饰。

② 参阅弗里茨·威特尔《探索受虐狂的秘密》，载于《精神分析评论》(1937)。

裂的人格里。在精神分析文献中，向来把脱离群体也视作一种自恋倾向，可实际上，疏远他人是自恋癖的固有特征，但脱离群体却不是。自恋倾向明显的人只是不愿去爱别人，但却希望别人来钦佩和支持自己。因而，这样的病例应该把自恋倾向与脱离群体倾向组合起来分析，这样才更准确。

自恋倾向并非只在精神神经质患者身上才有，在我们的文化当中其实非常常见。比如，人与人之间经常做不到真正的互敬互爱；人有私心，关心的只有他自己的安全、健康和前程；人常有危机感，于是竭力拔高自己的价值感；人对自我评估出的价值没有信心，因此常让别人来评判。

弗洛伊德对于这些倾向的频繁出现的解释是，其根源要从生物学规律中寻找。这一假设再次证明弗洛伊德对于本能概念的坚持，同时也表明他已经习惯了回避文化因素。事实上，诱发自恋倾向的两类因素，在我们的文化中所产生的效力更加不容忽视，许多文化因素在人与人的关系中充当着恶魔，它令人们互相敌视，互相忌惮，并因此互相疏远。在文化因素中，诸如情感、思想、行为准则，甚至只重外貌不重品质的取人方式等，还可以对个人的自发性也产生妨害。另外，为了忘却恐惧，填补内心的空虚而盲目追求盛名，也是一种文化现象。

弗洛伊德曾教导我们怎样去观察自大与自恋，[1]但是通过观察，

① 参阅西格蒙德·弗洛伊德《自恋癖：导言》，载于《论文集》（1924）第四卷。另参阅奥纳斯特·琼斯的文章《耶稣情结》和凯尔·亚伯拉罕的文章《精神分析法中的一种特殊形式的神经质阻力》，二者都载于《国际精神分析杂志》（1913）。这两位作者都做了详细而准确的观察。

我们却得出了与他不一样的解释。同其他心理学问题一样，我相信，“本能是根源”这一类观点会阻碍我们去分辨人格当中特定倾向所具有的作用与内涵。我认为自恋倾向绝非本能的派生物，而是企图通过神化自我来对付他人以及自己的一种神经质倾向。

弗洛伊德把正常的自尊和自大都归入自恋现象中，认为它们的差别只是数量上的差别。但是在我看来，如不能在这两种对待自我的态度中间画出一条清晰的界线，只会令问题更加复杂化。自尊与自大的区别绝不只是量，而是有着质的区别。自大是本没有那样的品质或业绩，然而可劲地向别人吹嘘，同时连自己也被蒙骗，但自尊是建立在实在品质上的。假如自尊受到压抑，或者其他与自发性的自我相关的品质受到压抑，再或者出现了其他的条件，自恋倾向才可能发展壮大，因此可以说，自尊和自大是互相抵触的。

最后，自恋也并不是自爱的表现。自恋的自我只是泡沫化了的自我，说得更明白一些就是，他在真实世界中丢失了自我，因此只能寄托于幻想，否则难有自我。这样就造成了一个结果，用弗洛伊德所赋予的含义来说就是，自爱与爱他人这两种体现自我的互动模式已然断裂了。但是，在弗洛伊德的第二个本能理论中，针对自恋与爱提出一个二元论，如果我们剔除其中的理论内涵，反倒会发现一个古老而重要的真理：任何的以自我为中心，都会丢失对他人的关注，以及爱他人的能力。但是弗洛伊德的理论观点显然并不是这一个，相反，他把自大倾向看成是自我爱怜的产物，他认为有自恋癖的人是因为实在太爱自己了所以才不爱他人。他把自恋比喻成一个水库，当水库里的水渐渐流失、枯竭，他能给予别人的爱（即给予别人“力比多”）就越发匮乏，直至没有。但是在我看来，自恋癖患者不光疏远了别人，同样也疏离了他自己，因此，只要他有自恋癖，无论是对自己的爱，还是对他人的爱，都意味着会枯竭。

第六章　女性心理学

弗洛伊德在他的理论中宣称，无论是男性还是女性，人的身上都有雌雄同体的倾向，而正是由这种倾向导致了男女身上的各种精神怪癖和障碍。他的主要观点可以概述为，男性身上有不少精神怪癖源自于他们的女性倾向与排斥女性倾向两者间的冲突；而女性身上有不少精神怪癖都起因于她们想成为男人的欲望。因为弗洛伊德的这个观点主要是针对女性心理详尽阐述的，所以我们在这里也主要讨论他的女性心理学观点。

不知弗洛伊德的说法是否可以这样来理解：当女孩在成长过程中突然在某一刻发现自己没有阴茎，于是最大的不安就此产生了，并且足以困扰其一生。“对于女孩来说，人生的一大转折点就是发现自己被‘阉割’了。[①]”对于这个发现，她的反应是，希望自己也能长出阴茎，而且想拥有阴茎的愿望非常明确，并认为有阴茎的男孩都是上天的宠儿,为此妒忌不已。不过在正常成长的过程中，这种阴茎妒忌并不会持续太长时间，当女孩意识到自己的这种先天“残缺”已成事实定局不可更改后，就会把拥有阴茎的渴望转

① 参阅西格蒙德·弗洛伊德《精神分析新导论》中“女性心理”一章。以下解析主要依据此章。

变为拥有孩子。“她对身体缺陷的补偿就是拥有孩子。[1]”

阴茎妒忌说到底不过是一种自恋现象，可理解为女孩因为发现自身比男孩缺少些什么，所以才感到不满。但是，阴茎妒忌生根发芽的地方是对象关系。弗洛伊德认为，无论男孩还是女孩，他们的第一个性对象必定都是母亲。女孩希望拥有阴茎除了因为想满足自恋癖式的自尊外，更是因为她对母亲存在着性本能欲望。而这种性欲同样是生殖器性质的，只要是生殖器性质的就必然带有男性特点。弗洛伊德显然是因为没有搞明白异性相吸的基本力量，才会提出这样的疑问：为什么女孩需要把性依恋从母亲身上转移到父亲身上？对此疑问，他预备了两种解释：一、她潜意识觉得自己没有阴茎是母亲的责任，所以对母亲产生了敌意；二、她想从父亲那里得到这个器官。“说到底，女孩因着对阴茎的渴望才把性依恋转向父亲。”若是如此，人之初，无论男孩女孩，都只知道一种性：男性。

阴茎妒忌对女性的成长的影响被认为是不可修复的创伤，即使在最正常的情况下成长，想要克服这种妒忌也得花费很大力气。女性一些重要的态度和愿望无不需要从得到阴茎的愿望中汲取能量。下面把弗洛伊德对此说明的主要观点简要概述一下。

弗洛伊德认为女性最强烈的愿望就是能生个儿子，因为唯有这样对获得阴茎的希望才得以延续。从拥有阴茎的意义上说，儿子代表了愿望的实现。“母亲同儿子的关系是唯一能给母亲带来真正

① 参阅凯尔·亚伯拉罕《女性阉割情结的外在体现》，载于《国际精神分析杂志》(1921)。

满足的东西。她可以将先前被压抑的所有抱负都转移到儿子身上，并从他那里得到扎根于灵魂的男性情结的满足。”

怀孕期间，本该出现的神经质障碍因为怀孕而得以平息，而且，被称为“阴茎的象征性满足”（孩子象征阴茎）将为她带来快乐。因某种功能性原因母亲延迟了分娩期，则暗示着她不想同象征阴茎的孩子分离。在某种情况下，母性因为易于让她联想到“妇道人家”,因此可能会选择抛弃母性。同理,因为月经也是女子独有，易令人同“女流之辈”相联系,因此才会在月经期间情绪暴躁、低落、失控，总之，如果把月经看作罪魁，那么女流特质就可以被认定为原罪了。因而才有了这样的解释，即痛经是幻想父亲的阴茎被吞吃的结果。

阴茎妒忌对女子最深刻的影响是，令她同男子的关系出现障碍。女子因为希望得到这样一件礼物（代表阴茎的男孩），所以把希冀寄托于男人，另外，也因为她们可能想要实现所有的抱负，如果男人辜负了她们的希望，女人就会毫不犹豫地背弃他们。女子对男人的妒忌，还可能令她们想要超越男人，贬低男人。另外，追求独立也可以解释成同样的原因，因为独立便令她们有资格小觑男人的帮助。女性一旦有了第一次性关系，就可能反感自己的女性角色，失去贞操可能令她们敌视性伙伴，因为性交在她们看来几乎等同于承受阉割。

总之，在弗洛伊德的眼里，女性的一切性格特点，在本质上都是源于阴茎妒忌。自卑，是轻视自己性别的表现，只因为没有阴茎。弗洛伊德认为女性的虚荣心更甚于男人，而且这种虚荣直接来源于对失去阴茎的补偿。女性外表谦虚得体，究其根源也不过是在掩饰生殖器的“缺陷”。女性容易嫉妒，也是因为“没有正义感”“喜欢属于男性的心态和职业爱好”[1]。反正，女性所有的带有雄性气概的追求，其根本的内驱力都被弗洛伊德看成是想要得到阴茎的愿望。另外，就连一些不含雄性气概的追求，比如追求漂亮，想嫁给一个优秀的男人，都被亚伯拉罕认为是阴茎妒忌的表现。

阴茎妒忌的概念与生理学思维其实是自相矛盾的，虽然它与男女生理结构的差异有关。在生理学思维中，女性的身体构造是为特殊生理功能服务的，既然这样，为何在阴茎妒忌概念中，她们的心理却成了对“雄性渴望”的附庸物？如果有足够证据来证实这个说法，那倒也无可厚非，然而事实上只有三个观察发现能勉强为其佐证。

第一，有人观察发现，经常有小女孩祈盼自己能够长出阴茎并且拥有它。虽然这可能是事实，但是若因此就认为这种愿望比希望拥有乳房的愿望更具有代表性意义，恐怕还不够具有说服力。伴随着后一种愿望的，是我们崇尚阴柔的文化氛围。

第二，有人观察发现，某些青春期女孩希望自己的阳刚气质更浓烈一些，并且还刻意表现出一些男性化的举动来。我的疑问是，这些只具有表面价值的倾向是否真能作为佐证？其实我们完全可以找到更正当的理由来分析这种行为，如逆反心理、因为身为女孩的自己不漂亮而绝望，等等。事实上，由于现在的成长环境改

---

① 参阅凯尔·亚伯拉罕《女性阉割情结的外在体现》，载于《国际精神分析杂志》(1921)。

善了许多，女孩可以获得更大限度的自由与宽松，这种行为明显比以前少多了。

第三，有人观察发现，成年的女性也可能表达想成为男性。有时候很坦诚，有时候却在梦中出现阴茎，或者象征阴茎的某一事物。她们也瞧不起身为女儿身的自己。阉割倾向总是下意识地流露出来，或者在梦中用隐喻的方式甚至直接的方式出现。这种现象虽然的确存在，但是完全不像某些评论文章所说的那样频繁，而且只有神经质的女性才会出现。最后，它们并非不可置疑，我坚信还有其他更合理的解释。不过在批评它们之前，我们先把弗洛伊德，以及其他一些分析家针对阴茎妒忌对女性性格有决定性影响的证据摆出来看一看。

弗洛伊德这一学派的观点，我可以从下面两个角度来解释。首先是理论偏见，这一点何其眼熟，我们在现存的文化偏见上早已见过其身影。他们以偏见为根基，把以下的所有倾向都武断地解释为阴茎妒忌的结果：喜欢掌控男人、斥责男人，嫉妒男人的成功，怀有雄心壮志，自主自立不愿接受男人的接济，等等。这些倾向是否可以归咎于阴茎妒忌还有待于证实。实际上，我们找些类似的证据实在是轻而易举得很，比如，女性不约而同地抱怨自己的特有功能（如月经），或者抱怨父母偏爱兄弟，喜欢强调男人的优势，性冷淡，意识或潜意识现形于梦（如梦中持棍或切一根火腿肠）。

我们不妨来端详这些倾向，是不是发现它们既是女性神经质患者的表现，同样也是男性神经质患者的表现，并无什么不同？当今环境下的神经质中，权力、野心、专制、嫉妒、斥责，这些典型的表现可谓是必不可少的组成部分，虽然在神经质结构中，它们可能扮演着不同的角色。

另外，对女性神经质患者的观察表明，上述倾向断然不是女性的专利，孩子与男人也有。还有一个武断的说法，认为女子同其他人的关系出现这类倾向，起因于初时同男人的关系出现这种倾向。

至于梦中的象征，只是一种在没有考虑深层次意义的情况下，所做出的男性化欲望的粗浅理解。这种分析态度与传统精神相违背，很难不被认为是理论上的偏见在作怪。

令分析家过分夸大阴茎妒忌的第二个原因，是女性患者本身的原因。以阴茎妒忌解释女性神经质患者的问题根源，有些女性患者对此解释很快就淡忘了，也有一些容易被影响的女性则很快接受了这种解释，并且快速进入角色，总是从男女两性的角度来谈论她们所遇到的问题，甚至连梦中的象征物也适应了这样的思维。所有经验老道的精神分析专家都会去观察患者是否听话，是否容易被暗示，并且通过分析这些倾向来减少由此带来的误导。有些患者甚至不需要分析家的暗示，就能自发地从男女两性的角度来看待自己的问题，但是我们不能排除精神分析书籍对她的影响。对于为数众多的患者喜欢接受阴茎妒忌这种解释，我们有一个深层次的观点：这些解释相对而言不会直击要害，而且解决办法也较为简单。对于丈夫的厌烦态度，女人显然更容易接受这样的原因：自己没有阴茎，因此妒忌他有阴茎，于是导致这样。而不太容易接受或承认：是自己的自以为永远正确、永远正值的苛刻态度令她不能容忍哪怕只是一丁点的质疑和异议。对一个患者而言，她更容易把一切责任归咎于上天的不公，而不容易清醒地认识是自己的要求过高，一旦要求不能满足就怒气陡增。由此看来，精神分析者的这种理论偏见，与患者对于实质要害每每回避的态度，中间并非没有关联。

那么，究竟是什么令得受压抑的冲动要用男性化的欲望来掩盖呢？我们不妨将目光投注到文化因素上。

阿尔弗雷德·阿德勒指出，希望成为男人，实际上是希望拥有男人的品质与特权，因为在我们的文化观里，那些东西理所当然地应该归属于男性，比如力量与勇气，成功与独立，自由与择偶权利等。这里需要郑重声明，我并非认为阴茎妒忌象征着希望拥有男权文化下的男权。这不合理，因为这种欲望是必然的，无须压抑，也就谈不上象征性表达了。只有当排挤潜意识中的情感或倾向，才需要象征性表达。

被压抑在男性化欲望之下的真正追求是什么呢？答案当然不能一概而论，具体情况需具体分析，各个患者各有不同。女子倾向于尝试各种说辞将自己的自卑感归咎于自己是女人，所以想要发现她的真正追求，就决不能耽搁在对男性化倾向大做文章上，而是应该跟她点明，所有的人，只要所站位置势孤力薄，那么就一定会用这种不利的地位来掩饰他的所有自卑，即便多数自卑是由其他原因造成的。其次，我们还要告诉她，发现这些真正的原因尤其重要。根据我的经验，患者往往不能意识到这种自我夸大，虽然它常常能起到意想不到的作用。另一方面，因为各种关键性的真实必须掩盖起来，所以这种自我夸大也变得非常有必要。

还有一点必须牢记，被压抑的某种野心也可能被这种“想做男人”的论调给遮掩起来。在神经质患者身上，野心的破坏力非常巨大，足以令人深陷焦虑不能自拔，所以在潜意识中必须将它压抑。以这一点来说，男女都一样，并无二致。但是我们的文化环境却造就了这样一个结果，女人被压抑的破坏力巨大的野心，最终只成了无害欲望的象征，她的欲望顶多就是“像一个男人一样”。心理分析的首要任务，就是揭示这种野心中的破坏性成分，以及利己成分。另外，不仅要分析导致这种野心的原因是什么，还要分析它对人格产生影响的途径有哪些，我总结为压抑爱、善妒、自我轻视、害怕失败，甚至害怕成功[①]。我们一旦解除了埋藏在患者心灵深处的野心，以及她对自己的过高期望和期望下的其他深层次的问题，患者也就不会再把成为男人的欲望往自己身上揽了。之后，没有了男性化欲望这一屏障的遮挡，真实的东西才会显现出来。

概而言之就是，以阴茎妒忌作为根基的这一系列解释，只会对人们理解心理学的基本难点造成障碍，还会影响我们理解与这些难点相关的整个人格结构，比如抱负。这些解释令真实的问题被掩埋得更深，所以我强烈反对。从心理治疗的角度看更是这样。另外，对于所谓的男性心理中的雌雄同体的重要性，我同样持反对态度。弗洛伊德认为阴茎妒忌同样适用于男性心理学的依据是“男人潜意识里抵抗与其他男人互动时采取被动态度或女人化态

① 参阅卡伦·霍妮《我们时代的神经质人格》（1937）第十一、十二章。

度"[1]。他称这种恐惧为"拒绝女子气"，并且将许多精神问题都归结于它。然而，我认为那些需要完美自己的形象，或者需要以优越感来裱装自己的人才会拥有这些问题。

涉及女性内在特征，弗洛伊德还提出另外两个与之紧密关联的观点。一是女子气"同受虐狂暗藏关联"[2]，二是女人最基本的恐惧是害怕失去爱，而且这种恐惧可以与男子害怕被阉割的恐惧等量齐观。

海伦娜·多伊奇对弗洛伊德的这一假设深感认同，她概括它时甚至言称受虐狂是女性精神能量的基本源泉。她说，女人性交的终极满足感是被强奸、被凌虐；女人的心理需求是被羞辱；月经也是重要的，因为它能助长女人的受虐幻想；分娩代表了受虐的巅峰满足。作为母亲，自我牺牲的感觉和对孩子的关爱，令她在受虐中得到快乐和满足。多伊奇认为，除非女人感到或者遭遇到强奸，或者被伤害、被羞辱，否则因为诸多的受虐追求，必然会感到性生活索然无味[3]。桑道尔·拉多则认为，女性对男性特质的偏爱，实际上是基于对受虐倾向的一种潜意识抵抗[4]。

根据心理分析理论，性态度决定了精神态度，因此，女性尤其具有受虐追求的观点就意义深远了。这些观点需要一个前提来支撑，那就是女性普遍都是顺从的、依附的，或者至少大部分是这样。

---

① 参阅西格蒙德·弗洛伊德《可终止和不可终止的分析》。

② 参阅西格蒙德·弗洛伊德《精神分析新导论》。

③ 参阅海伦娜·多伊奇《受虐狂在女性精神生活中扮演的角色》的第一部分"女性受虐狂与性冷淡的关系"，载于《国际精神分析杂志》(1930)。

④ 参阅桑道尔·拉多《女性的阉割恐惧》，载于《精神分析季刊》(1933)。

这样说来，似乎真的有一种现象能够支撑这些观点：在我们的文化氛围中，受虐倾向的女性确实比具有受虐倾向的男性要多。然而，不要忘记，所有的参考资料，都来源于患有精神神经质的女性。

许多的女性神经质患者都以受虐狂式的心态来看待性交。例如觉得自己是男人的泄欲工具，她们唯一能做到的就是牺牲自己，并且一旦这种牺牲实现，就会觉得自己的人格肮脏低劣了。她们还可能会幻想，性交给她们的肉体造成了伤害。某些属于少数的患者甚至通过幻想分娩来获得受虐满足。另外，不少母亲一直把自己当成殉难者，她们反复强调自己为孩子做出的牺牲。这部分母亲或许可以证明，做母亲能够令女性神经质患者获得受虐满足。还有，某些患有神经质的年轻女子对于结婚莫名地恐惧，她们把结婚想象成受虐待和做丈夫奴隶的开始。最后，女性不乐意接受自己的性别角色而偏爱男性角色，其中一项关键原因就是，她们在性关系中总是扮演着或者幻想着自己是被虐待者。

假设我们能够承认女性神经质患者比男性神经质患者出现受虐倾向的概率更高，那么，造成这一现象的缘由又是什么呢？拉多和多伊奇试图将责任推给女性成长过程中的某些固有因素。我们姑且将这类假设置于一旁。两位作者以“阴茎缺失”，或女孩对于该“缺陷”的反应作为基本因素引入，我认为这种假设压根是不能成立的。实际上，我认为根本就不可能找出女性成长过程中导致受虐倾向的那些所谓的固定因素。因为，它存在的前提，是基于这样的假设：受虐狂是一种性现象。虽然我承认受虐狂在性方面有所表现，如受虐幻想、变态性行为，这些部分都异常引人注目，以至于立刻就吸引了精神病学家的眼球，但是我从来不认为受虐狂的本质是一种性现象，而是人际关系冲突的结果，这一点在以后还要进行更详细的阐述。性方面的受虐倾向，应该发生于受虐倾向建立之后，并且只是可能并非一定需要在性方面寻求受虐满足。从这一点来说，受虐狂就不能算是女性的特有现象了，也无怪乎那些分析家们要遭遇失败了，因为他们企图从女性成长过程中，寻找特征性因素来解释整个受虐狂现象。

我认为，应该探根究底的不是生理原因，文化原因才是魁首。那么，女性的受虐狂倾向在形成过程中，文化因素究竟有没有起关键作用呢？是，或者否，答案取决于你所认为的受虐倾向形成的基本动因是什么。我的概念主要是，利用恭顺、依赖获取生活中的安全和满足，这样的努力统统可以归纳为受虐狂现象。个人解决问题的方式，将取决于这种基本的人生态度，比如以软弱和受苦来达到控制他人的目的；通过受苦来表达敌意；通过生病来慰藉自己的失败。关于这点我们以后还要讨论。

如果这些假设成立，那么也就能够证明导致女性受虐倾向的文化因素的确存在。这些因素对于前几代人的影响尤为显著，不过现在的人也未能全部幸免。这些因素简单概括如下：女人更需要依附别人；女人总被强调为软弱的一方；普世目光把女人看作生来的附庸物，她们的生活的全部内容和意义就是家庭、丈夫和孩子。这些文化因素本身并不含带受虐倾向。人类的历史已经充分证明，女人在这些条件下，确实可以拥有幸福感、满足感和充实感。不过依我看，这些文化因素还需要担起一项责任：当女性患有神经质时，它们会成为女性神经质的受虐倾向的帮凶。

弗洛伊德认为，女人最基本的恐惧是害怕失去爱，这个观点在一定程度上暗示了它依赖于这样一种假设：在女性的成长过程中，某些固有因素导致了受虐倾向。与其他特征一样，受虐倾向表现出一种对他人的感情依赖，另外，获取情爱本身就是抵御焦虑的主要手段之一，所以害怕失去爱才被看成是一种特殊的受虐特征。

害怕失去爱是女性的基本恐惧这一观点，相比弗洛伊德的其他两个关于女性本质的基础的观点，即阴茎妒忌和受虐狂倾向，放在当前文化氛围下的健康妇女身上还是比较适用的。不过，需要剔除生物因素的观点部分，我认为只有文化因素的观点部分才是导致女人对爱百般珍惜，害怕失去的原因。

追古溯今，无数个世纪以来，妇女的经济责任与政治责任一直被男权剥夺，她们全身心地投入到或者更确切地说是被圈禁在了个人的情感当中,而且这也成了她们唯一的生存依仗。然而事实上，她们并非不需要承担责任，并非用不着外出工作，她们只是不得不以家庭为自身的轴心，所有的工作都服务于这个小圈子。因而，她们也不得不以感情为立身之本。与那些不带个人感情色彩的处处讲求实际的人们相比，中间的区别是多么的明显。同时，爱与忠贞也成了女性的美德、理想的代言，另外，她们若想享受特权、获得安全、拥有快乐，唯一的纽带便是丈夫与儿子。因此，爱于女子而言具有了现实价值，而男人的现实价值就是赚钱能力的高低。基于以上种种原因，造成客观上女子不太可能追求情感领域外的东西;而主观上，女子对于情感领域外的东西本身也比较漠然。

现在可以理解，为何过去的女人总是把爱看得无比重要，并不切实际地期望从爱那里获得一切她们想要的；为何她们总是比男人更加害怕失去爱。在一定程度上，这也是我们现在所处的文化环境中，女人出现这些现象的实际原因。

这种男权主义下的文化氛围，迫使妇女把爱视为生命中的无价之宝，它所具有的含义也能够令我们看清现代妇女身上的某些特征，比如对衰老的态度。妇女都惧怕衰老，而这种惧怕背后有许多内涵。对于妇女来说，能不能讨男人的欢心才是重中之重，因为长久以来，妇女唯一可以实现的成就，无论涉及爱、性、家庭还是子女，都只能依靠男人才有望获得，也就无怪乎她们会那么在意美丽、魅力，甚至达到了崇拜的高度，就某方面而言这还是比较好的结果，另一面，如此强调性吸引力的重要性，结果便是难逃对衰老的恐惧。如果男人因年近五十而焦虑或沮丧，我们会认为他脑子有毛病，然而换成是女人，我们就觉得理所当然了，之所以如此是因为性吸引力的价值于女性而言具有不可替代性。无论对谁，衰老都是一道难关，如果我们把青春当成人生的唯一黄金期，那么衰老也就成了一种绝望。

衰老带来的意味着女性吸引力终结的恐惧，将像阴霾一样笼罩她的整个人生，必然令她对生活感到极度不安。这种恐惧还解释了母亲对尚处青春期的女儿的嫉妒心理。不仅使母女关系遭到破坏，连带所有的女人也都被这股敌意殃及。女性在它的影响下，不能够接受性领域以外的任何评价，比如成熟、稳重、独立、睿智等。不言而喻，如果女性沉浸在对成熟岁月的排斥与贬低中，她们怎能像对待爱情生活一样认真对待其他人格的发展呢？

将一切希冀都寄托于情爱，在一定程度上也就解释了女性对于其他女性的排斥心态了。弗洛伊德将这种排斥态度归结为阴茎妒忌。从文化因素的角度来看，这种排斥的心态主要来源于两个方面，首先，在当今的文化氛围中，人际关系普遍存在问题，以至于连爱情生活也不能给予她们幸福（非指性关系）；其次，这种文化氛围容易令人产生自卑感。人们经常有疑问，在我们当今的文化中，男人与女人谁更容易产生自卑感？想要从精神层面量化自卑感不是一件容易办到的事情，但是其中还是有明显区别的，一般情况下，男人不会因为自己是男人而感到自卑，但是女人却会因为自己是女人常常感到自卑。我在前面提到过，感觉自我欠缺与“女子气”并无直接关联，是文化内涵将诱发于其他方面的自卑感给掩盖了，而这一类的自卑感，男女悉同，并无二致。但是女人的自信心为什么如此不稳定，这还要从文化层面的其他方向上来入手探讨。

唯有拥有宽阔的人类品质才能够树立健康牢固的自信心，比如自主、勇敢、独立、才能、性魅力、应变能力等。只要相夫教子、勤勉持家仍然是一件关系许多责任的大事，只要没有计划生育，妇女仍然会觉得自己是家庭经济建设过程中的骨干，这样她们也就拥有了自尊的先决条件和坚实后盾。然而，显然这种支撑已经越发不可靠了，妇女们能够自我感觉有价值的基石随着社会的前进步伐逐渐崩塌。

另外，单看自信心的性基础，如果问在这方面导致妇女地位下降的因素是什么，那么一定是清教徒式的文化观念的影响。我们先不管别人如何评价它们。尤其是在男权社会里，性欲更被这种文化观念定义为肮脏下流、罪大恶极，甚至连妇女本身也被定为原罪的象征。在早期的基督文献中，这种状况司空见惯。这种文化因素不容忽视，它能解释妇女为什么迄今为止仍然因为性欲而认为自己下流无耻、道德败坏，自尊感也因此而饱经跌堕。

最后，我们再谈一谈自信心的情感基础。如果只能依靠爱与被爱才能够建立自信心，那么这种自信心一定不会牢靠，因为它的基石太过狭隘，将人格价值的其他方面统统排斥掉了，另外，还有一个不牢靠的因素，爱是一种互动，必然依赖外部，比如多结交伙伴等，这很容易令人产生依赖心理，如果情感上失去了他人的欣赏与喜爱，那么就会感到自己一无是处。

"但你不要忘记，女人的天性是由其性功能决定的，我们站在这块基石上来描绘女人。然而我们更应该记住，虽然这个因素的确影响深远，但是抛开这点，女人还是女人。"针对女人所谓的自卑感而言，弗洛伊德总算说了一句令人如释重负的话。

我相信他确实是这么想的，如果他的这一观点能在他的整个理论体系中占据更重要的地位，我会更加欣慰的。弗洛伊德最后关于女性心理学的文章中有几句话表明，相比早期研究，他正在另外考虑文化因素对女性心理的影响。"我们必须小心谨慎，社会习俗的影响不可低估，它们同样将女性逼入一个被动的角落，问题依旧没有清晰。尤其是女人特质与本能生活之间的紧密联系，我们更加不能忽视。社会和生理构造都压抑着女性的主动性，这种压抑可能助长受虐冲动的势头，而该冲动在性爱上又对已然内倾的破坏性冲动具有约束力。”

只可惜，弗洛伊德的大部分关注力仍旧只放在生物学上，在这个基础前提下，他并没有也不可能揭示这些因素的全部意义。他看不到这些因素在何种程度上决定了愿望和态度，自然也就看不到文化环境与女性心理内在联系的复杂性。

我猜测多数人都会赞同弗洛伊德的观点，认为生理结构及功能的不同对精神生活影响巨大。但是我觉得，预测这种影响的确切本质，似乎并无建树。美国妇女同德国妇女不同，两者又都与美国西南部的印第安妇女不同。纽约市的职业女性较之爱达荷州的农妇又有不同。由此看来，是特定的文化环境造就了特定的才情品性，无论男女都不出其外，而我们最应该探索的也正是它的运作方式。

第七章　破坏本能

弗洛伊德的最后一种本能理论，即第三本能理论，从“自我‘力比多’”与“目标‘力比多’”的二元对立对象上，转移到了原先的性本能冲动与非性本能冲动的对比。但是这一次却有了很大的不同，弗洛伊德原先认为“自我冲动”这一自我保护的内驱力是性冲动的对应体，而现在他认为自我保护的对立面即“自我破坏”本能才是性冲动真正的对应体。从临床角度描述就是，二元对立实则为性本能的对立，自恋癖、目标爱恋，以及破坏本能[①]都可囊括其中。

破坏本能是否真的存在，从人类历史中从不乏身影的残酷就可以看出，战争、犯罪、宗教迫害，随处可见的专制等都能佐证它的存在。这些事实仿佛在告诉我们，人会抓住一切机会来发泄自己的敌意和残酷。而我们的文化中每天都不断地涌现出明里暗里、形形色色的残酷，诸如欺凌、诋毁、压榨，对弱者、孩子和穷人的压迫等。甚至在洋溢着爱与友谊的人际氛围中，也暗暗流动着左右结局的敌意。只有一种人际关系弗洛伊德相信没有被敌意渗

① 破坏本能又称“死亡本能”“破坏冲动”“攻击本能”或“侵犯本能”，这是一种要摧毁现有秩序、回归前生命状态的冲动。

透，那就是母亲与儿子的关系。但是这个唯一的例外也似乎有着画饼充饥的嫌疑。然而，现实中的残酷和破坏欲望相比汹涌于脑海幻想中的，实在是小巫见大巫。哪怕只是受了一点儿小小的冒犯，我们也可能在梦中将对方撕个粉碎，或者对他极尽凌辱。其实，这些都还只是其次，破坏欲与残酷并非只以他人作为目标，连自己也有可能成为自己的伤害对象。正常的人尚且可能做出了结自己生命的举动，更别说精神病患者的严重自残现象了，还有一般的神经质患者，他们剥夺自己的快乐，常提出不可实现的要求，因为达不到这些要求而非难自己。

弗洛伊德原本认为敌意的冲动和表现也与性有关，这些冲动有一部分是施虐狂的表现（即一种基于性欲内驱力的表现），但是后来他认识到，这种解释远远不够说明问题，还有许多的破坏冲动让性本能的解释捉襟见肘。

“我很清楚，每当我们睁开眼，就能见到破坏本能的身影，它们同性欲交融在一起，表现出不分他我的施虐倾向或受虐倾向。但我不能理解，我们为什么会对非性欲侵犯和破坏欲的普遍存在熟视无睹，为什么在解释生活时，没有把它摆在一个重要的地位上。[①]”

即便他承认破坏本能与性本能无关，但是依然坚持“力比多”理论，未曾丝毫动摇。所变化的只是，过去把性本能内驱力看作施虐狂与受虐狂的根因，而现在则把性本能和破坏欲结合起来解释它们。

如果把破坏欲的本质也视作一种本能，那么又是什么器官基础

① 参阅西格蒙德·弗洛伊德《文明及其不满》(1929)。

支持这种本能呢？弗洛伊德企图借助一些生物学原理，再结合他的推测来回答这个问题。这些推测最先出现在他的涉及本能性质和强迫性重复的理论中。他认为，本能由感官刺激引发；它的存在目的，就是反过来消灭这些刺激的干扰，回复原有的平衡。弗洛伊德认为强迫性重复是本能生活的基本原则之一，他推断人有重复过去经历或早期经验的强迫性冲动，无论它们从前带来的是快乐还是痛苦。弗洛伊德争辩说，这一原则很有可能是预示着，回复早期生活并回归它是人的一种根深蒂固的本能倾向，这种倾向与生俱来。

弗洛伊德通过这些思考，最终大胆推论:如果确实有返本归源、重建早期阶段的本能倾向，而生命结构早于生命发展之前，非生命结构更早于生命结构出现之前，那么就必然有一种自然赋予的重建非生命结构状态的倾向;同理，既然非生命环境早于生命环境，那么就必然存在一种趋向死亡的本能冲动——“生命的目的就是死亡”。这就是弗洛伊德推导出死亡本能的理论过程。他相信，生命体终结于一种内因，这个事实可以用来支撑一个假设：存在一种自我毁灭的本能冲动。而这种自我毁灭的本能根植于人体新陈代谢的分解代谢过程中。

如果没有另外的东西来抗衡这种本能，那么我们平时趋利避害、竭尽全力保护自己的举动就显得费解了，明智的做法显然是去死。或许表面上可以这样来解释，自我保护的冲动只不过是生命体想选择一种死法，按自己的意愿去死。但是，能与死亡本能相抗衡的东西真的存在，那就是生命本能。弗洛伊德认为它由性冲动代表。那么，依据这个理论，基本的二元对立就由“生命本能”和“死亡本能”它们二者来承担了。支撑它们的生理组织就是种质和体细胞。然而，没有临床观察能够证明死亡本能的存在，因为“它悄无声息，是发生于机体内的分解作用”。我们有能力观察到的，只是死亡本能与生命本能的融和，正是这种相融令我们逃离死亡本能的毁灭，或者至少是延缓了这种毁灭。一开始，弗洛伊德将死亡本能与自恋“力比多”相结合，来解释基本受虐狂倾向。

性冲动同死亡本能相结合，还不足以防止自我毁灭，如果要防止大部分的自我毁灭倾向，就必须将这种倾向指向外界。为了不毁灭自己，就必须毁灭他人。这样推论下来，死亡本能就衍生出了破坏本能。然而破坏冲动可以再次向自我倾斜，当指向自我时就出现了自残冲动，临床上受虐狂多有这类表现[①]。如果破坏冲动得不到外泄，就会提升自我毁灭的危险。对于这一假设，弗洛伊德提出的依据是，神经质患者积聚的怨恨因为无法外泄，所以他们就折磨自己。

弗洛伊德觉得这个理论远比以前的假设更有建设性，尽管他自己也承认死亡本能只不过是一种推测，并没有任何确凿的证据，然而它具备所有本能理论所需要的条件：它是二元论的；相互对立的两个方面都有器官来支撑；两种本能包罗万象，所有的精神现象都可囊括其中。

说得更具体一点，弗洛伊德觉得，死亡本能，以及它所衍生出

---

① 参阅西格蒙德·弗洛伊德《受虐狂中的实际问题》，载于《论文集》(1924)第二卷。

来的破坏本能，能够解释所有神经质中的敌意侵犯现象，而这些现象依靠以前的理论是不足以解释的。同时，它还能解释诸如猜疑、嘲笑积极态度、拒绝奋斗、害怕他人的敌意与责备等。这种解释如果单纯以“力比多”理论来衡量，仍如摸着石头过河。包括梅兰妮·克莱因在内的一些英国精神分析家们观察到了人的破坏妄想症的早期表现，如今因着这一理论的诞生似乎找到了得力的依仗，连带过去一直是谜团的受虐狂现象也似乎得到了更合理的解释，不再认为它是内倾虐待狂了。按照弗洛伊德的见解，受虐倾向具有防止自我毁灭的效用，因为它也是在性冲动和自我破坏冲动相结合下产生的，应对自我毁灭时具有实用性的价值[①]。

最后，这个新理论还为“超我”“惩罚需要”这两个概念提供了理论基石。弗洛伊德的“超我”是指与本能相对立的，主要功能是拦截对本能冲动的追求的一个独立人格部分。它就像一个载体，上面载有挫折、苛刻、阻截快乐、不达目标就严厉报复，然而敌意侵犯的对象却是自我。它的力量源泉是一切得不到外泄的侵犯冲动[②]。

下面我们重点讨论破坏本能这一死亡本能的派生物。弗洛伊德对于破坏本能的含义做了明确界定：人人都有凶残、恶意、破坏、侵略这些冲动，它们与生俱来。“无论你辩解与否，所有的这些都显示出一个真相，人这种动物从来都不是温和亲善的，他们并非只有遭到攻击时才会拿起武器。人身上的强大的侵略欲望，应该

① 同上。

② 参阅本书第十三章“超我”概念。

被视为天赋本能的一部分。因此，邻居可能是他的帮手，也可能成为他的性对象，还可能是一种诱惑，引诱他去满足他的侵略欲望。他可能去摧毁邻居的劳动能力，暴力地与邻居发生性关系，侵占邻居的财产，羞辱、折磨，甚至杀害邻居。他的凶残赛过一切野兽，纵观历史，或者端详人类的所有过往，有谁能够脸不红心不跳地否认这一点呢？[1]”“人与人之间的一切爱与温情暖意，归根结底都是建立在恨的基础上的。”“说到对象，恨的历史远比爱要长久。[2]”人成长的初期阶段，也即“口腔”期，恨表现为吞并对象的倾向，也即消灭对象，忌恨它的存在；在“肛门”期，与对象的关系表现为想要掌控它或击败它的倾向，这种态度与恨别无二致。唯独到了“生殖器”期，爱与恨才锋芒相向，并互依共存了下来。

弗洛伊德预测，让人们接受这样的观点在情感上是很困难的，人们会说宁肯相信人的本性是善良的。然而弗洛伊德在辩论时未曾看清一个事实，否认人性本恶的观点，并不代表就肯定了人性本善的观点，此外，破坏本能这一假设其实是具有诱惑力的，人们在情感上并非不能接受它，至少它可以减轻内心的责任感和愧疚感，令人们无须直面或承认破坏冲动背后的真正原因。事实上，喜不喜欢这个假设根本不重要，重要的是它是否符合我们的心理学知识。

在弗洛伊德的这个假设中，宣称人类充满敌意和破坏性、极度

---

① 参阅西格蒙德·弗洛伊德《文明及其不满》。

② 参阅西格蒙德·弗洛伊德《本能及本能命运》，载于《国际精神分析杂志》(1915)。

残忍，宣称这些反应发生频率有那么高，程度有那么强，其实这些都不是值得质疑的地方，真正值得质疑的地方在于它宣称脑海中的破坏欲和行动上的破坏欲本质上也是一种本能。事实上，程度与频率，并不是证明破坏欲是一种本能的有力证据。

这个假设中，暗含一个信息，即敌意随时随地都可能爆发，它在“等待被启动”，发泄敌意的满足感“如果我们得不到那种满足感就会陷入焦虑和不安”。那么，问题的关键处就在于，我们是否有足够的理由怀揣敌意和破坏欲，如果有足够的理由，那敌意就只是针对环境刺激的一种合理反应。这样的话，本来就摇摇欲坠的支撑破坏欲本能假设的证据也顷刻坍塌了。

表面上看来，弗洛伊德的观点貌似很有道理，人常常会因为一个小刺激就牵动出强大的敌意和凶残。一个乖巧听话、从不惹事的孩子可能被别人暴打一顿；一个并未遭到别人妨碍的同事，可能恶意贬低其他人的成绩甚至人品；一个得到了许多帮助的患者，可能依旧满腹敌意；一群罪犯即便别人未曾危害到他们，却不妨碍他们残忍地对待这些无辜者，甚至痴迷于这种举动。

事实好像的确如此，应对刺激而产生的敌意，与来自外部的刺激往往比例失衡，但还是那个问题，敌意会否毫无缘由地产生？精神分析治疗提供了很好的材料来回答这个问题。

对于一个患者来说，尽管心里明白分析者已经帮助了他，但是无疑仍可能会贬低对方。他可能幻想着让分析者的名声一落千丈，也可能真的付诸行动。他对分析者的全力帮助持以强烈的怀疑态度，怀疑分析者会误导他，甚至怀疑分析者会伤害、利用他，尽管分析者觉得自己并没有做什么能引发这种强烈敌意的事情。当然，我们不排除他不够专业或者缺乏耐心或者解释没有切中要害的可能性。然而，从以往的治疗经验来看，即便人们全都被认为没有任何过失，患者依然可能敌视分析者，这些例子都证明，在没有外部刺激的情况下，敌意仍可能无端产生。

可是，事实上并非真的如此。精神分析情境提供了非常有利的条件，让患者和治疗者能够准确地了解对方的心理变化，所以我们才给出了如此明确的否定。这种情境的重心在于：患者的敌意是某种防御反应，而反应强度与他感受到自身受到伤害和威胁的程度完全成比例。比如，患者的自尊心不够强大，因此他会感到整个分析过程都是对他的无休止羞辱。再比如，或者因为他对分析者的期望远远超过了分析者能够给他带来的，那么他就会觉得自己受到了欺骗，甚至觉得这是一种愚弄。再比如，因为焦虑的原因，他需要更多的关爱来抚慰，于是就会觉得分析者是在一个劲地拒绝他，甚至会觉得分析者厌恶他。也有可能是患者把自己的对于完美、追求无量成就的苛刻心态投射到了分析者身上，才令他感到分析者正在期望他做根本做不到的事情，或者感到分析者正在不公正地责备他。因此，患者的敌意实质上非常合理，是针对分析者的言行做出的该种反应——就算是分析者本人并未真正如此，而只是患者自己如此感觉而已。

在许多其他的情景中，患者也会无缘无故地产生敌意和暴戾，基本过程与上述情境中的大致相似。这种假设表面看似乎很有道理。然而侵犯者对无辜者行使暴力的现象又当如何解释呢？就以折磨动物的孩子为例，原本他们不太可能对比他们强大的人产生憎恨和愤怒，那么环境的刺激又多大程度地改变了这种事实呢？同样地，涉及孩子的施虐幻想也需要我们做出解答：我们必须证明，这种敌意并非针对环境刺激所做出的反应，或者说得更确切一些，我们必须证明，拥有温暖、尊重、快乐、安全的孩子同样会幻想施虐行为。

精神分析实践中还有另外的经验与破坏本能的假设相悖。患者的焦虑在精神治疗过程中消除得愈多，就愈有爱与容忍自我和他人的能力，而破坏冲动也随之消失无踪。假如破坏欲望是本能的，就意味着它不会消失，毕竟我们不能超越上帝，不过这与观察难道不是相悖的吗？根据弗洛伊德的理论，一个患者在经过分析治疗后，对自己的生活产生了更多的满足感，而先前一直沉淀于“超我”的内倾的侵犯欲就应该适时地转向外界了，换句话说，他的受虐倾向减弱的时候，对他人的破坏倾向就会相应提升。可实际上，经过卓有成效的分析治疗后，他的破坏倾向也同样减弱了。对死亡本能理论笃信不移的分析者可能会在此时站出来反驳，认为尽管患者行为和幻想中的破坏欲减弱了，但是擅做主张、固守权益、锱铢必较、据理力争、操纵欲这些行为或欲望明显增加了。他们把这些都看作“侵犯性”行为，而又把“侵犯性”看成是死亡本能目标受抑的表现。

我们不妨考虑一下他们的这种论调，以及由此论调引出的假设。这一假设在我看来同样够荒谬，类似于把爱情看成是性冲动目标受抑的表现。对于一个患有精神神经质的人来说，因为无途径发泄自己的敌意，如果他向别人要火柴抽烟是敌意的载体，含带某种侵犯性的意味，那么他可能因此而不会向别人要火柴，这是一种自警举动。但是我们不能因此就下结论说，所有的自警举动都是破坏欲目标受抑的表现。在我看来，任何一种自警举动，所表现出的都是积极对待人生与自我的非常有裨益的态度。

最后，弗洛伊德的这一假设还暗示，破坏冲动是破坏欲和敌意的终极动因。于是，他的观点与我们的观点彻底对立，他认为人的生存是为了毁灭，而我们却认为，人为了生存而毁灭。如果新的见解能够教给我们新的方法来看待旧的观点，那我们就应该勇于承认旧观点的错误，但是这里显然不是这样。我们之所以伤害甚或杀死他人，那是因为我们受到了或者是感受到了迫害、威胁、侮辱、虐待、宏图大志横遭阻挠，等等。换句话说，我们之所以想要破坏，只不过是为了保障自己的安全、幸福或者于我们而言能够代表安全与幸福的东西。通常情况下，为了生存才是最终根由，而绝不是为了破坏。

破坏本能理论非但没有事实根据，而且与现实压根就是矛盾的，它所带来的东西也是极为有害的。单说它对精神分析治疗意味着让患者把自由表达敌意看成是治疗的目的。因为弗洛伊德的逻辑就是，如果破坏本能得不到满足，患者就会陷入焦虑。我承认，那些压抑着非难、自私与仇恨的患者，如果能够表达这些冲动定然会感到轻松，但是若是分析者将弗洛伊德的这个理论看得太过重要，那就是本末倒置了。分析治疗的主要任务并非鼓励患者自由表达冲动，而是探寻冲动的原因，并在此前提下通过消除潜伏的焦虑来达到消灭冲动之源的目的。这个理论还为辨别什么是自我破坏欲与什么是自我建设欲增加了难度。比如，患者对他人的批评态度虽然很有可能是他不自觉的敌意表达，但是不能因此就把他的所有批评态度通通定性为敌意，如果据守此解释不容变通，就有可能扼杀患者的批评才能。所以，分析家有必要区别敌意动机和自警动机。

这个理论的文化意味同样令人觉得危险。它必然诱导人类学家去将某种文化环境中呈现的友好与亲善都看成是被压抑的敌意。这种见解令得从具体的文化环境中探寻破坏欲根源的努力变得失去了意义，也令得试图改变文化环境的努力同样失去意义。

人要是与生俱来骨子里就根植下了破坏欲，并且诸多不幸因此而生根发芽，那么为何还要向往并追求美好的未来呢?

第八章　童年之强调

弗洛伊德的学说中有一个影响极为深远的基本理论，那就是我们前面论述过的机械进化论。现在再略做回顾，这种思想认为，人现在的表现形式完全取决于过去，而且仅仅只是对过去的一种重复。该基本理论于弗洛伊德的无意识无时间性概念，以及强迫性重复假设中都有阐述。

无意识无时间性概念是指，童年阶段被压抑的欲望、恐惧乃至整个经历，都因为压制作用而陷入休眠，后期生涯中见不到它们的影子，它们与个体发展失去联系，不受后期经历和成长的干扰，然而它们当初的强烈程度与特性一直保存了下来，丝毫未变。这个理论说法简直就像神话故事里的情节，说人进入一个山洞里，外面的世界日新月异，生命一刻不停地在演进，而山洞里的人却千年如一日。

这个理论的临床价值在于，它为固恋概念提供了基石。人在孩童时期如果心中装入了一个极其重要的人，而又压抑了对此人的最本质部分的情感，那么这个人的影子就必将伴随他一生。比如，当一个小男孩压抑了对母亲的欲望，同时也压抑了对父亲的妒忌和惧怕，那么当他长大后，这些欲望依然在起作用，并且强烈程度分毫未减。于是，后来他对女人的疏远，与大龄女子结婚，只愿与已婚女人发生性关系，所有的这些或许都可以有一个合理的解释了。甚至连他出现弗洛伊德所说的男性爱情生活分裂也可以得到解释了。弗洛伊德用此分裂概念来解释为何某些男子对他爱慕敬仰的女子毫无欲望，而对他鄙夷的女人比如妓女却情有独钟。弗洛伊德解释这种现象时，认为这是由于对母亲的固恋所导致，这两种女人是他心目中的母亲的两种不同形象：一种是引起性欲的，一种是令他敬爱的。

固恋除了与早期环境中的某个人有关外，它还可能涉及整个“力比多”发展阶段。当一个人发展其他的方面时，他的“性”仍然停留在对某些前生殖器的追求上。这种固恋可能（比方说）涉及口腔“力比多”——或许是因为体质的关系，或许是因为某种突发性状况，比如断奶遇到麻烦、肠胃不舒服等。在这种情况下，当母亲又生了弟弟或妹妹，他就可能绝食，之后又可能变得异常贪食，时刻黏着母亲，如果这是一个女孩，那么在她青少年时期就会表现得比男孩子更喜欢吃糖，再以后则可能出现神经质的症状，比如无缘无故呕吐、无节制豪饮、过度节食、梦见吃人、贪爱却性冷淡。

临床观察可以为固恋概念提供依据，而且这种方法十分具有开拓性，然而这一点却并没有引起精神分析家们应有的重视。他们只把如何解释当作焦点来争论。待说到强迫性重复和移情概念时我们再一并讨论。

无意识无时间性概念除了导出固恋概念之外，同样也为强迫性重复的假设提供了依据。它似乎是作为一项隐形的先决条件服务于后者的。如果弗洛伊德坚持认为，所有的发展阶段都离不开对母亲的特殊依赖，那么他假设任何特定的表现形式都是对该特殊情结的重复又有什么意义呢？恐怕只有假设这个特殊情结依旧孤立不变，他才有道理将后来出现的相似依赖统统看作对最初依赖的重复。

强迫性重复背后的机制是，它不仅受快乐原则的支配，而且另一个更为基本的原则，即对过去经验或当前反应的重复的本能倾向也在左右着它。在下面的这些资料中弗洛伊德认为他找到了他所需要的证据。

第一，儿童明显有对以往经历的重复的倾向。或许某些经历令人感到不愉快，如身体检查或动手术等，但他们仍旧乐此不疲地让他们重复出现于游戏中，而且讲述故事的口吻也几乎不变。

第二，创伤性神经质患者总是频频梦到曾经的事故，而且场景非常详细。一般来说，幻想生活中通常会意淫种种好事，这与梦中出现的太过矛盾，毕竟创伤性事故是令人感到痛苦的经历。

第三，弗洛伊德言称，在精神分析时患者往往一次又一次地回忆以前的经历，尽管每一次回忆对他来说都是一次折磨。弗洛伊德论称，患者接受分析时，尝试达成小时候那些可望而不可即的目标，这很好理解，因为属于快乐原则，但是，患者也会很被动地去回忆某些痛苦的经历。例如，可能患者曾被父母抛弃，这件事给他留下了痛苦的阴影，在分析时他会一再感到分析者抛弃了他，进而重复过去被抛弃的经历。还有一个更复杂的例子，患者在童年时经历过一场痛苦，她的扁桃体发炎了，还发起了高烧，她迫切地想要一块冷敷布——她有理由期望得到母亲的帮助，然而与她在同一房间里的母亲却拒绝给她。在进行分析时，这位患者不仅不接受甚至也不认可分析者对她的帮助，就好像童年时候的那个情景仍然拥有效力，让她依旧痛苦、无助。

特别多的人都有明显的重复经历。一个女人结了三次婚，每一任丈夫都有阳痿。某人做了三次善事，每一次都没有受到感激；他不厌其烦地崇拜偶像，无数次地以失望而告终。

现在我们来看一看这些资料有没有足够的说服力。首先，关于儿童的重复游戏，弗洛伊德自己也没有信心拿它作为有力证据，因为他不能排除这种可能性的存在，即儿童想借助游戏中的痛苦经历的重现，来压制现实中的他们无法反抗的压抑情景。至于梦境中重复出现创伤性事故的案例，弗洛伊德也考虑到了其他的解释，即受虐狂倾向的作用。不过，即便有这种可能性，他也不觉得他的强迫性重复假设没有效力，虽然我恰恰持相反观点。

想解释人们生活中重复痛苦经历的现象，其实完全没必要假设出一个故作高深的强迫性重复概念，我们还有另一种更容易理解的解释：人身上的某些内驱力和反应必然带来重复性经历[①]。比如崇拜英雄的倾向，很可能是由于相关的内驱力互相冲突所导致，如高代价的抱负，由于具有太大的破坏性使得个人没有勇气去追求它。再比如敬仰成功人士的倾向，只需付出爱戴，我们就能够

① 这一论点，在威廉·麦克杜格尔的《精神分析与社会心理学》(1936) 一书中就有提出。

共享他们的成功感，而不必付出任何的努力，同时背地里还可以尽情妒忌。所以说，关于理解这些人为何总易产生重复性经历，我们真的没有必要寄过多希望予强迫性重复的假设。在这些经历中，要么是真的发现了偶像，但来得容易去得也快，失望透顶在所难免；要么是故意竖立一个偶像，目的只是为了日后能推倒它。

弗洛伊德认为，被分析的患者有重复童年经历的冲动，正是这一假设令他得出了强有力的证据。弗洛伊德宣称，患者会“规律而不知疲倦地”来重复童年经历。这一论点依旧颇具争议性，当讨论移情概念时将会详细论述它。

弗洛伊德先假设了固恋、回归和移情这些同属一个范畴的理论，以此奠定了理论基础，而后便假设出了强迫性重复概念。于他而言，这一整套假设如同是从临床观察总结出来的完善理论体系。但是，客观上讲，他对自己的这些观察的解释，早已被一个哲学前提所左右，而这个哲学前提就表述在他的强迫性重复概念里。

因此，弗洛伊德是否找到了充足的证据来验证强迫性重复理论的正确性，已经变得不重要了，重要的是我们要了解精神分析的思想理论的整个成型过程，以及它如何影响了后来的临床治疗方法。

首先一点，强迫性重复理论所体现的思维方式，能够解释为何要强调童年因素的重要性。如果后来的经历是先前经历的重复，那么知道过去当然无比重要了，哪怕只是略知一二，对于理解现在也有着莫大裨益。因此，把患者联想回忆中提供的儿时记忆当作最具价值的材料也就是合理的了，而一再纠结记忆能够逆流多远也是合乎逻辑的，同时，以现在的表现及反应为模板重新构建某个早期图景也就非常重要了。

我们也能够理解为何有别于普通成人的正常感觉、思维、行为的所有倾向都被认为是孩子气了。若非有了强迫性重复假设，我们大概也就认识不到何以（比如说）志向中潜藏破坏因素、吝啬或对环境提出苛刻要求都会被视为幼儿倾向了。这些倾向很少出现在健康儿童身上，只有患有神经质的儿童才多有表现。如果把前两个倾向看成是肛门期施虐狂的衍生物，而把最后一个倾向看成是孤独无助或自恋阶段的衍生物，那么把它们统叫作孩子气，我们除了接受也没什么好说的了。

最后，我们还能释疑之前提到的一个最重要的假定，该假定认为当患者认识到自己现在的困境与童年经历有联系时，他就能对现在的困境感到释然，而当他意识到一切都是童年倾向在作祟时，他就能够把这些不合时宜的追求倾向弃之如敝履了。我们还能明白，为什么只要没有解释清楚患者的某一幼儿期，就该当认为他还没有痊愈[1]。

① 我插入一个小故事，虽然有些讽刺的意味，但恰好可以说明这种思维方式。一个在国外接受过分析治疗的女孩，回到美国后找到了我。当我好奇并提出疑问时，她竟然说她之所以找上我，是因为不记得五岁前的事了，希望继续接受分析。我原以为她来此的原因是一些症状仍未根除，生活中尚有某些困难。我认为恢复童年记忆只是达到治疗目的的手段，而真正的目的是对现在的状况理解到位，然而人们却本末倒置，硬把这手段当成了目的本身。

统而言之就是，我们现在能够明白为什么会说精神分析是一门发生心理学了，因为只要它仍旧固守强迫性重复理论所阐述的那种思维方式，它就必须是一门发生心理学。我们假设，即便现在与过去的态度确实有某些相似的地方，但是这种思维方式仍旧不能摆脱被批判的厄运[①]。

我们不妨先看一个例子：某位女患者经常感到有人不公正地对待她，觉得自己频繁遭遇欺骗、利用、漠视、轻慢、辜负等，然而当我们进行情境分析时才发现，要么是她无形中把事情夸大了，要么就是对情境的解释感到不满因此上升为不公。事实上，她在儿时才真正遭遇过不公正的对待。她有一个漂亮却自私的母亲，这位母亲更加偏爱自己的小女儿，于是她的妹妹仿佛成了笼罩在她心头的一个阴影，陪伴着她长大。她没有勇气发泄自己的不满，一来，自己的母亲是个自以为是的女人，觉得自己做的一切都是既公正又善意的，容不得别人质疑，只容许别人去无条件地崇拜她；二来，这位患者曾因抱怨不公而被嘲笑，别人取笑她像个受难者。

这样看来，明显地，她现在的态度与过去的态度确有相似的地方。其实只要我们留意观察，这种相似到处可见。我们学会了利用观察这门手段，这理应是弗洛伊德的功劳。成年人喋喋不休地向别人提出各种要求，可能是因为潜意识里希望像小孩子一样得到宠爱；见小孩子只有乖巧听话才能被奖励喜欢的东西，于是成年后依旧采取这种听话的态度，以期别人回报以关心。但是为什

① 在奥托·兰克、戴维·利维、弗雷德里克·艾伦、F.B. 卡普夫、A. 阿德勒、A.C. 荣格等人的著作当中，都可见相关的批评。

么这些个别的人会把童年的态度延续到成年期呢？如果童年时的态度确实还影响着现在，那么我们就非常有必要找到背后的原因。所以，我们需要搞清楚的问题是，在此时此刻的性格结构当中，是什么东西那么关键，需要将过去的态度一直保留到今天，尽管它以改头换面的形式出现。这个问题无疑非常关键，无论是从理解角度也好，还是从治疗角度也罢，都是如此。因为，任何治疗方法的改变，其前提都是要先弄清并掌握这些因素。弗洛伊德给出的答案就是强迫性重复的假设。我们不妨站在上述案例的基础上，研究一下后期的经历与前期经历到底有没有关系，是否前者确为后者的重复。

假设我们对患者的童年情景了解有限。她只告诉我们她有一个幸福的童年，她的母亲非常受人尊重。弗洛伊德可能会认为，即便对她的童年了解有限，但是从她当前的诸多反应中，照样可以重构这一情境。假设我们依照这个观点推导出了前面所述的图景，当我们斩钉截铁地解释说她在童年肯定受到过不公正待遇时，患者就会自动来协助我们重构那幅图景。事实上，这里面已经包含了暗示和鼓励的成分。但是，由于重构也意味着揭露她对母亲的旧怨，所以她可能会在情感上非常抵触，这种协助也就带有了被动性。通过这种分析,我们还能理解她重复早期反应的另一个特点，就是用尊崇来伪装怨恨。先前她对母亲采用这种态度，后来这种态度也出现在了丈夫和其他人的身上。

目前，临床观察为弗洛伊德的理论提供了依据。精神分析文献经常很肯定地说，重构过去是有效的，比如重构通常可由第三人确认，言之凿凿，有根有据。但是，我们获得的重构情境，难道仅是用来证明当前态度是过去的重复吗？这样的话，重构给患者带来了什么好处？当然，她获得了早期困难的因果图，可是这就是目的本身吗？更加真实地了解过去，于她而言其裨益又何在？

弗洛伊德的强迫性重复概念可能会做出以下回答：患者可以认识到她现在的反应已然不合时宜了；这种反应于过去来说有实际的必要性，可是放在现在已无用武之地了；它们之所以仍旧在现在出现，是因为她没有意识到她有重复早期反应的冲动；患者只要认识到了它就有望摒弃这种冲动了，因为它将现实的真面目呈现给了她，她会自动做出适当的反应。

可惜，这种结果的事实很少出现。不过，这一点仍不能作为证据用以驳倒弗洛伊德的假设，因为我们尚不清楚为何有的患者康复了，而另外的患者却没有康复。另外，其他互依共存纠缠在一起的因素在分析时并未得到解决，患者可能还会继续同一类型的反应。再者，也或许是因为个别患者身上的强迫性重复力量太过强大了，以至于即使意识到了它想要中止它却无能为力。

不过，如果说失败的治疗还不能证明弗洛伊德的这一理论是错误的，那么反复的失败却至少能说明它是不完全正确的。真实的神经质反应已经不合时宜，没有现实依据——我们先来看看这个论点对不对，首先，对于患者来说，现实指什么？[①]弗洛伊德认为真实的神经质反应没有现实依据，指的是这些反应并非由环境激

① 参阅劳伦斯·K. 弗兰克《面对家庭生活的现实》，载于《心理医生杂志》(1937)。

发。然而我们不妨细想，患者自身的性格结构难道就不是现实的一部分吗？这部分同样非常重要，可是弗洛伊德在思考他的理论时却完全视而不见。换个方式来说就是，弗洛伊德没有考虑到，患者的真实人格中或许存在某些因素，能令她做出这些独特的反应。

在情境分析中，我们发现与产生这些反应有关的这样几种因素。结合她整个童年的不幸情境，以及前面提到的因素：因为有过几次可怕的经历，她害怕如果自己不好好表现的话就真的被杀害，于是她形成了一种强迫性的谨慎态度[①]，这种态度表现为谦逊，乐于缩在一个角落里，当与别人有观点上或利益上的冲突时就强迫自己认为别人是对的而自己是错的，但在主观压抑的表面下，却日渐滋生荒唐而强烈的要求。两次观察她的当前反应，就不难推测出这种要求的存在：第一，当她想获得某些东西比如教育、健康时，因为找不到需要它们的充足理由，她就变得焦虑不安；第二，她经常感到疲惫不堪，而在疲惫的外衣下掩藏的却是苍白无力的愤怒；第三，当她藏于心底的愿望无法达成，或在竞争中失利，或被迫按照别人的意愿行事，或别人对她的意愿置若罔闻，尽管这种意愿她从未表达时，她的愤怒就产生了。这些要求的存在连她自己都没有意识到，但是她却表现出一种苛刻，凡事只考虑自己的感受，从不顾他人的需要。后面的这一表现也是她与别人的关系存在障碍的部分原因，但是表面上看不出来，她自己也可能意识不到，因为它被不分场合地讨好他人的态度给掩盖了。

经过大量的工作，我们得出这样一幅线形图：以自我为中心，

① 参阅本书第十五章受虐狂现象。

苛刻要求他人——因未实现要求而愤怒。这是一个恶性循环，不断产生的愤怒令她更加怨恨别人，对别人愈发缺乏信任，进而更加以自我为中心。

前面说过，这种愤怒表面上不会显露出来，无力的愤怒只会躲藏在无助的疲惫之下。她不敢宣泄愤怒，因为相较而言她更加害怕别人的愤怒；她苛求自己没有过失，然而却时时出现怨恨。只要让她拥有正当理由，她的头脑中就会出现自己遭受不公正待遇的情境，怨恨也就泄溢而出了。不过，即便如此，这种怨恨依旧藏头露尾，躲躲闪闪，不能够直接明了地表现出来，而是会躲藏在一片自我同情的阴影里。那么，不公的感觉令她酝酿怨恨名正言顺；不公的感觉令她有了借口回避他人的要求；不公的感觉将自私自我、无视他人包装得天衣无缝。她可以在这个包装之下，只向自己展示良好品质的一面，而不用去改变自己，每当感到孤独、不被人爱的时候，自我同情无疑是一剂自愈良药。

因此，患者倾向于觉得被不公正对待，将之解释为对过去经历重复的冲动显然难以令人信服，我觉得，她不由自主地做出这种反应是她现在的人格结构所导致的。从而，断言她当前的反应无现实依据，是一个对错参半的推论，因为没有将那些决定她当前反应的动态因素考虑进去。分析治疗最重要的任务，就是消除这些因素。至于该过程中涉及患者的哪些方面，待讲到治疗问题时一并讨论。

在临床实践中，还有许多别的错误结论的出现，发生法也在其中充当了帮凶，不过这些结论本质上不如上述例子得出的结论关键。在某些特定情况下，重新构建过去的反应是有效果的，另外，重构情境激发出来的记忆能令患者更好地了解自己的成长历程。不过，重构法或者确切地说用童年的记忆来解释当前的行为，越是缺乏证据就越显得没有价值，就算是有很多证据，但也仅仅只是一种可能性。每个分析家都毫无例外地认清了这一点。这套理论奢望把童年的记忆当作一把万能钥匙，希冀它能够解开所有的锁，实际上，重构并没有那么大的说服力，尤其重构出的记忆只是模糊的。记忆模糊让我们很难判断，它们是真实经历过的，还是幻想出的。当童年的图景蒙上迷雾，分析家们便摆出一副誓不罢休的架势试图穿破迷雾，然而这实则是用极其有限的见识（童年）来解释压根不知道的东西（现在的怪癖）。与其如此，还不如把精力集中在真正驱动或抑制人的力量上来，即便对童年了解有限，仍是有机会慢慢理解这些力量的。

况且，采取这种工作方式，不见得对童年的认识就会减少。如果能更好地厘清实际的目标、力量、需求及伪饰于表面的东西，迷雾便会逐渐散去，真实的过去就会逐渐显露。但是，追寻过去绝不是我们的目的，而只是我们理解患者发展的一项手段。

发生法中导致错误判断的另一个原因是，与现在的怪癖相关的童年经历太过散乱，用以解释某些事情显然不足为信。例如，只是一次偶然，在遭受折磨的时候感到了性兴奋，有人就将这件事当作导致整个受虐狂性格结构的根源。至于创伤性事件，大致来说确有可能留下些直接的创痕，这在弗洛伊德的早期病例报告中有所体现[1]。虽然如此，但作为包含在强迫性重复概念中的预先假定的结果，这种偶然的可能性显然被用得太滥了。某些孤立事件，比如看到父母做爱，母亲生下弟弟或妹妹，因手淫而感到羞耻或害怕等，因为它们具有性欲特征，因此大部分的后期性格倾向或症状都被认为与它有关,这就是典型的“力比多”理论的假设精神。

回归理论与移情理论就是在这种论调下建立的——人有重复过去的情感经历的倾向。所有这些理论都主张，过去的情感经历有复苏的机会。移情概念我们将用一章来单独讨论,至于回归理论，它与“力比多”理论是分不开的。

先来回顾,“力比多”的发展被认为是经历了这么几个阶段——口腔期、肛门期、生殖器期和生殖期。每个阶段都有相应的突出性格倾向。比如处于口腔期，就会期望从别人那里获得东西，依赖别人，易妒忌，倾向于以性结合的象征形式与他人求同。对应于“生殖期境界”的精神品格，好像并未过多讨论，就如同说，达到“生殖期境界”就能够较为理想地适应周边环境了。说某个人处于“生殖期境界”,就等于说他是“正常”的,没有患上神经病，这里的“正常”是统计平均数得出来的结论[2]。

从这一点上来说，与任何略微偏离平均标准的倾向都被认为是孩子气的观点是一致的。假如某人经常表现出这种偏离特征，就被认为是他还停留在童年的某个层次。而当它们在过去没有遭遇

① 参阅约瑟夫·布莱尔与西格蒙德·弗洛伊德的《关于歇斯底里症的研究》(1909)。

② W.特洛特指出,精神分析文献中多把统计平均数看作“正常”的判定标准。参阅《和平与战争中的民众本能》(1915)。

到太多的干扰，得以长期发展，就被看作回归。

表现为哪个阶段的回归，是根据神经质或精神病的具体类型来判断的。忧郁症因为常常伴随着厌食、梦见吃人、害怕饥饿和中毒，因此被认为是回归到口腔期的表现。自我谴责就是典型的忧郁症，谴责本是针对别人，但因为受到压抑，就导致“心力内投”。弗洛伊德认为，忧郁症患者的行为常与被谴责的人表现一致，就如同吃下了那个人一样，并且因为自己也加入到了被谴责的对象中，所以他的谴责就表现为自我谴责。

强迫性神经质因为常伴随着怨恨、残酷、冥顽、洁癖及苛求准时等，根据这些观察，认为强迫性神经质就是回归到肛门虐待期的表现。

精神分裂症被认为是回归自恋阶段的表现，因为通过观察可以发现，精神分裂症患者常常逃避现实，只在乎自我的感觉，并且隐隐约约还有许多自以为是的想法。

回归并不总是关联整个“力比多”组织，有可能只是回归到过去乱伦情欲的对象上。这种回归当讲到歇斯底里时再详细讨论。

据说，回归是生殖期追求遭到直接或间接打击的结果。换句话说，任何为生殖期追求带来障碍或痛苦的经历，都可能造成回归，比如对爱情感到失望，对性生活感到恐惧等。

对回归理论中的疑点的批判性思考，与我对“力比多”理论发表的看法，有一部分是相同的。认为回归是一种特殊的重复，我前面已经批评过了这个观点，这里我只想强调一点：它与导致神经质的因素有着某种关联，或者用理论术语来说，它与导致回归的因素有所关联——如果这种因素能够看清的话。

众所周知，有许多的事件都能造成神经质障碍，其中有一些事件对普通人而言不一定具有创伤性。我们不妨先举几个例子：一个老师因为受到校长的根本不算严厉的批评就变得特别消沉；一个内科医生将要与自己选定的女人结婚时却表现出了极度的焦虑，并且官能失调；一位律师向女友求婚未得到及时回应，因此情绪变得非常不稳定。在上述的三个事例中，如果允许用强迫性重复理论和“力比多”理论来解释患者的联想，那么对于那个老师来说，校长的责备是具有创伤性的，因为校长此刻的形象如同他的父亲一样，他的批评就仿佛是再现了过去父亲的拒绝，同时曾经幻想得到父亲的羞愧感也被激发了。对于那位内科医生来说，他的联想表明他平常很害怕被某人或某物束缚，也可以解释为他的恐惧——害怕被征服——又死灰复燃了，或许就如同被母亲吞食一样，同时，因为乱伦欲望复苏而滋生的恐惧和内疚也随后出现。

我始终认为，想要理解为何某个特定的事件会打破平衡的心境，首先就要理解当前人格的复杂性，以及构成他心境平衡的条件。因此，对于一个心境平衡，主要依赖幻想完美并被人认可的人来说，领导的轻微批评也可能会给他带来神经质障碍。对于一个心中幻想着自己无限伟岸的人来说，哪怕随便一个拒绝都有可能使他患上神经质。对于一个因为疏离他人久而心境独立、平衡的人来说，越来越近的婚姻也许会使他神经质。对抗焦虑的自我防御机制被扰乱，通常情况下都是一系列事件联合作用的结果。如果微小的事件能够扰乱他的心境平衡，令他陷入焦虑、情绪低落，或者带来其他病症，那就说明他的性格结构很不稳定，越是不稳定，微小事件就越具威力。

对于精神分析持怀疑态度的人群中，经常有人要求分析者将详细的分析过程发表出来，以便人们判断分析者是如何得出这种结论的。我认为这种做法，对于澄清争议并没有太大的作用，况且我认为这种要求根本就是建立在毫无根据的怀疑之上，因为怀疑的焦点是患者是否真的能提供用作分析的基础材料。从我的经验角度出发，人们完全没必要怀疑精神分析者的良知，以及出现的记忆是否有效。真正值得争论的是，把这些记忆当作解释原则是否合理？这种方法是不是显得思维太过单向或者机械了？再回到上述的病例，校长的批评、束缚（如婚姻）的如期而至、遭到冷拒，我认为没必要从记忆里寻找它们的根由，个人的实际性格结构才是我们应该努力的方向，只有它们才能让我们看清具体事件的背后是什么。

上述讨论中，或许我的评论就像是“现在对过去”的讨伐。但是，如果从中二选一，只用单一的眼光看问题，那么就显得太简单，也太不合理了。无论如何，毋庸置疑，童年的经历确实对一个人的发展有着决定性的影响。我也曾说过，这是弗洛伊德的众多功绩中的其中一项。在这个方面，他的眼光要比前人更细致、更精准。在他之后，要考虑的问题已经不是是否有影响了，而是如何影响。而影响方式我认为有以下两种。

第一，童年经历留下的痕迹可被直接追溯。不自觉地喜欢或讨厌一个人，可能与早期记忆里的父母、兄弟姐妹又或女佣的品质形象有着直接关系。本章引用的案例中，早期受到不公正待遇的经历，与后期觉得受虐待的倾向，二者有着直接的因果。前面描述的这类负面经历，会令幼小的孩子不再相信他人的仁慈与公正。除此之外，被别人需要的肯定感也将随之消失，或者一生再难期待。如同这种厌好喜坏的例子，从某种意义上说，便是儿时的经历被直接带到了成年期。

第二，童年的整体经历带来了独特的性格结构，或者更确切地说，开始了它的发展。这一影响方式尤为重要。这种发展，有的人五岁时实际上就停止了，而有的人青少年时才停止，还有的人到了三十岁左右停止，更有极少数人，一直持续到了老年还依旧在发展。由此可见，我们并不能用某条固定的标准线来区分后期的特征，比如厌憎丈夫，或许这种厌憎并不是由丈夫的行为引起，但也并不意味着就是憎恨母亲直接带来的，我们应该从整个性格结构来理解后期的不友好反应，之所以性格发展成这样，只有一部分与母亲的原因有关，大部分原因是童年期其他的重要因素的综合作用。

过去自然会以某种方式包含于现在之中。如果非要让我概括一下该讨论的实质，我绝不认为这是一场“现在对过去”的讨伐，而是发展过程对重复的拷问。

第九章　移情概念

如果说弗洛伊德的发现中哪一点最令我重视，无疑是他发现了患者对分析者和分析情境的情绪反应能够用以治疗。这一发现证明了弗洛伊德的思想具有独立性，他不只利用患者的依恋、易受暗示来影响患者，还把患者的情绪反应也视为一项有用的工具来利用，而并没有讨厌那些不利的反应。我之所以把这一点说得如此详细，是因为在我的印象中，他的这一开拓性的壮举，并没有被那些详尽阐述他这一方法的心理学家给予应有的赞誉[①]。或许我们可以轻而易举地修改某样东西，但是只有天才能够第一个预见其可能性。

弗洛伊德在分析的过程中观察到，患者不仅会讲述自己当前面对的困难，或过去遭遇的难题，而且还会针对分析者流露出一些情绪反应，而这些反应常常不合逻辑。患者可能会把自己的关注力聚焦于能否得到分析者的爱与欣赏，而觉得其他一切都已不重要，完全忘记了来这里接受分析的目的。他可能莫名其妙地滋生出一种恐惧，害怕自己与分析者的关系出现裂痕。他也可能将整个分析过程当成一场激烈的战争，要求自己务必占据上风，而忘

① 例如O. 兰克、C.G. 荣格。

了自己是来接受分析者帮助的。例如，当分析者为一位患者澄清了部分问题后，这位患者非但没有感到欣慰，反而非常恼怒，因为他只看到了一个事实：他自己没看到的问题却被分析者看到了。患者还可能弃自己的利益于不顾，只为了能够挫败分析者。

弗洛伊德认识到，在分析进行的过程中，患者所表现出的各种反应都带有他自身的色彩，因此我们更需要理解这些反应。另外，弗洛伊德也认识到，分析情境是一个非常独特的方式，能够用以探寻这些反应所代表的含义，因为在这种模式下患者必然要表达自己的情感和思想，而且精神分析关系并不复杂，容易进行观察。

虽然通过患者自己的讲述，比如当他们诉说自己对妻子、丈夫、用人、领导或同事等人的看法时，分析者也能够从中了解许多东西，但是我们并没有扎实的基础来研究患者的这些态度。通常情况下，患者意识不到自己的反应，更意识不到是什么条件激发了这种反应，最重要的是，他们内心里其实也并不想知道它们。多数患者会努力地证明问题不在自己身上，而这使得他们会在不知不觉的情况下就把原本的心理障碍修饰或掩盖起来，好像只有这样才是对他们有利的。他们往往刻意做出与所受刺激相符合的反应，或者，在讲述时正受自我谴责倾向的驱使，同样令问题变得模糊不清。分析者不能得到其他相关者的信息，尽管他有可能猜测出一些不太成熟的画面，但是要让患者相信他自己也有冲突显然并不容易。

也许会有人反驳说，在精神分析情境中也不能避免这种难题的出现，患者也可能对分析者做出一些毫无根据的反应，即使有根据，分析者也不一定能够察觉得出来，因为他同时兼任着演员与评审员。这是绝对有可能的。不过，我对这类反对意见的答复是：由此造成的错误不可避免，但是分析情境却能最大限度地减少这种错误的发生。分析者同患者生活中的其他角色相比，显然心态更加客观公正，不过由于他的注意力主要集中在对患者反应的理解上，他又不能像平时那样随意做出幼稚、主观的反应。同时，他分析别人时也被别人分析，所以情绪反应很少逾越理性。最后，分析者对待患者的反应时，不会带上个人情绪，因为分析者不会忘记，他所面对的反应会被患者带入各种关系当中。

弗洛伊德的这一观点让大家受益无穷，然而很可惜的是，它仍然受到了他的机械进化论的影响。这种影响程度从移情概念引起了广泛的争议就看得出来。弗洛伊德相信，患者的非理性情绪反应是其幼儿期情感的复苏所带来的，而今这种情感附着在了分析者的身上，或者说是挪移到了分析者身上，无关分析者的性别、年龄或举动，也无关分析进行时具体发生了什么，那些爱意、鄙视、猜疑、妒忌等诸如此类的情绪，一股脑地挪移并附着到了分析者身上。这是弗洛伊德的典型思维方式。患者对分析者涌现出来的情感，力量十分强大，以至于想要解释这种强大的情感力量就必须动用幼儿期本能驱动力，仿佛除此之外再无其他工具可利用。因此，分析者的首要爱好之一就是，弄清分析时的特定阶段是哪一个阶段；患者赐予他的身份是父亲、母亲，还是兄弟姐妹；是扮演慈母形象呢，还是扮演恶母形象。

我们用一个例子来展示该方法的实际内涵，尽管这个例子与在讨论重复概念时并未道出的基本观点并不贴近。假设患者对分析者产生了爱的情愫，这时候患者就会仅仅为了一个小时的分析而存在，因为分析者友善，他感到快乐，因为分析者微不可查的拒绝，他感到沮丧。分析者的亲人或其他患者令他感到嫉妒。他会幻想此时此刻自己是分析者的首要选择对象。他可能会在想象中或梦境中出现对分析者的性欲。

假若分析者以弗洛伊德的方式来解释，他就会这样联想，可能患者对母亲的爱远远超出患者自己记忆中的印象，而现在正是这种旧爱复苏了。由于患者幼时确曾有过对母亲的强烈依恋，而且现在的迷恋并非只是固定在某个人身上，于是当患者的症状减轻时，他可能就会转而迷恋其他大夫、律师或者教士等每一个施予他友善与保护的人。分析者认识到这种迷恋并非具有固定的针对对象，于是将这种可能针对任意人的迷恋归纳为重复某一旧模式的冲动。然而，患者却因意识到了自己的情感中有一个强制性的、不真实的爱而感到安全放心。于是，当现在的迷恋渐渐模糊时，对分析者的依附却留存了下来。

这种解释的缺陷，依旧是缺乏对患者性格中的现存因素的足够思考。放在这个例子中，现存因素即指依附分析者的因素。有这样一种可能性，患者的受虐倾向比较突出，他为了获得安全感与满足感，便将自己绑缚在别人身上，更进一步说，几乎与别人合而为一[①]。所以，追求情爱于他而言就是消除迷惘的一种手段。我们有足够理由认为，这种对情爱的渴望在患者看来就是爱和忠诚，若是焦虑被激发（这在每个成功的分析过程当中必然经常发生），

① 参阅本书第十五章受虐狂现象。

那么患者对分析者的依附需求也就随之增强。所以说，当分析者发现患者对自己的依赖超乎寻常时，分析者就很有必要将它与患者的现存焦虑或者担忧联系起来，这样就有良好的机会认识患者的焦虑，并且理解是什么样的一个模式令患者产生了焦虑。患者依赖分析者的主要原因就是他的焦虑，因此这样的解析方式能从源头上杜绝依赖风险的发生①。

若是以幼儿的那套模式来解析患者的依恋，就会有三重风险。首先，它们因为没有触碰到基本焦虑，患者对分析者的依赖会愈发严重，等同于助长了这种势头。这是相当危险的，并且与治疗目的背道而驰，而治疗的目的本应是帮助患者焕发自我，拥有自由而独立的人格。

其次，企图拿重复过去的情感或经历的理论来解释患者在分析情境中的情绪反应，使得整个分析都一无所获。比如，患者可能会觉得从头到尾都只是对他尊严的肆意羞辱。如果单把这种反应与过去的羞耻感强硬地联系起来，而放弃去挖掘他的现存性格结构里的可能解释这些情感的因素，那么分析就相当于偏离了正轨，白白浪费了自己与患者的时间，因为此时此刻患者或许正在腹诽分析者，并试图挫败他。

最后一重风险是，没有对患者当前的人格结构，以及它所造成的后果进行详尽的阐述。当前实际存在的倾向，无论最初是否与过去存有联系，都可认为是当前的倾向。无论是一个特定的敏感、

---

① 其他的分析者，比如阿道夫·马伊，指出了如何解决神经质者依赖分析者的难题。

鄙视抑或尊严，唯有先认清了它，才能把它与过去联系起来。不过，这个过程对于我们理解各种倾向的内在联系形成了阻碍。某一倾向可能会导致另外一些倾向，也可能增强某些倾向，还可能与某些倾向产生冲突。而这一过程可能会建立一个错误的倾向间的内在联系框架。

我觉得有必要拿一个例子来说明，因为这一点无论在理论上还是在实践中都是非常重要的。这个例子我们以图示化的方式来表达，并且尽量简练一些，所以目的也不是为了让读者们信服我所获得的结构图比“直线式”解释得到的结构图更具真理性，我只是想将二者的方法与结果间的差异呈现给大家。

某极有天分的患者，我们不妨称其为 x，他在与分析者的关系中表现出了三种主要倾向，我们分别以 a、b、c 来代表。a，他非常顺从分析者，且潜意识里渴望得到分析者的保护、爱戴乃至羡慕；b，他内心里自视甚高，觉得自己既正直又聪明，是个不可多得的天才，然而一旦分析者对他的这些品质流露出质疑，他就会怒不可遏；c，他心中不无忐忑，总害怕分析者会鄙视他。

经过分析，我们获取了他童年时的三个经历，分别命名为 a1、b1 和 c1。a1，只要乖巧听话，父亲就会满足 x 的愿望，给予他一切他想要的东西；b1，在父亲眼里 x 是个天才；c1，x 的母亲以鄙夷的眼光看待他的父亲。

若是以弗洛伊德的移情概念来解释，就会是这样：x 童年时与自己母亲的影子有部分重叠，并且在父亲面前表现得像个置身于被动地位的女子，并期望因此能从父亲那里获得某些回报。而 x

目前的人格结构是这样的：他有潜在的被动同性恋倾向，他为此感到羞惭，也为此担心被别人鄙视。他的高傲与自负实际上是针对自己的女性倾向进行反抗，以此来补偿他的自我鄙视与害怕被他人鄙视的恐惧。这一解释也可以引而申之用以解释 x 身上的其他特征。比如，他害怕将自己系缚于任何一个女子。当然，这种害怕也可以用他的潜在同性恋倾向来解释——他害怕受到女人的鄙视，这会令他想到当初母亲对他父亲的鄙视。

如果 a、b、c 与 a1、b1、c1 之间是横线而非垂直线，也即如果主要想理解 a、b、c 三个倾向间为何相互联系，那么就必须思考以下问题：为何 x 素质优秀、天赋卓越，却仍害怕受到他人轻视呢？为何他总是怀持着一副清高姿态？这样问的话，我们就会逐渐意识到，x 能够兑现的承诺远远抵不上他暗中许下的，他所激发的爱包含的内容实在太多。不过，他没有能力也不愿意实现这种期望，因为他有微妙的虐待狂倾向，还有恐惧。同时，对于智力方面的成就的期望也被激发了，可惜他依然不能用自己的努力来实现它们，因为他一边放纵自己，一边也把自己圈定在各种条条框框中。x 没有意识到这一点，他也不愿意识到，这样无形中就陷入了一个自欺欺人的怪圈，一面想利用许诺来得到别人的爱戴、羡慕和支持，一面却从来没有付出过实际行动。

因此，针对 b 倾向来看，孤傲自负有利于掩盖自己的这种欺骗策略，不被他人和自己发觉。因为潜意识里他觉得彰显高傲至关重要，所以倘若有人对此怀有质疑，他就会难以承受，并以强烈的敌意来针对质疑者。

再看倾向 a,x 的顺从,实际上是缘于他想从别人那里得到什么,他不敢激发自己的反抗意志，因为他需要与表面上的良好形象相符，别人期望他做什么事情他就必须去做，同时，他也需要情爱，但是这种需求纯粹是因为焦虑的原因，而焦虑是从他不辨利弊的伪装中产生的。

至于倾向 c，他自我鄙视，一部分原因是他没有意识到自己有依赖他人的倾向，另一部分原因是无原则的顺从，还有一部分原因是他的生活充满虚伪，如同海市蜃楼一般，所以他害怕别人轻视的眼光。

弗洛伊德认识到，不仅是分析情境当中，就是其他的比较密切的关系当中，也会发生看起来很夸张的情感反应。我们将分析情境和其他关系进行一下对比，不难发现这样一个复杂的问题：如果分析情境中患者对分析者的爱是童年情感的投射，那么，难不成一切爱都是移情的结果？如果不是，又如何区分移情和非移情的爱？我对这些问题的态度，与对移情概念本身的态度并无二致。无论是在分析情境的关系当中，还是更为重要的其他关系当中，个人会否被别人吸引，为何被别人吸引，都是其当前的整个人格结构所决定的。

当然，在分析情境当中的依附现象也好依赖现象也罢，都要比在其他关系中更为常见，这一点毋庸置疑。至于其他的情绪反应，比如敌视、怀疑、占有欲、苛求等，总的来说在分析情境当中更为频繁、激烈一些，即便是那些表面上适应能力很强的人也一样。

通过这些观察到的现象来看，似乎有一些特定因素存在于分析情境当中，进而促成了这种反应。据弗洛伊德言称，分析中的患者，其言行举止愈发逼近“孩子气”，所以弗洛伊德坚决地认为，是分析加剧了倒退性反应。患者自由联想的义务，分析者的解析，再加上分析者的包容与忍耐，令成人患者控制得以松懈，进而能够自由地流露幼儿期的反应，只要揭开患者的童年经历，就能够引导他回归过去体验过去的情感。还有最重要的一点，分析时即便患者因之受到挫折，分析也不能够中断，这样就等于，分析者还有义务照顾患者的愿望与需求。业内人士认为这项规则能够促进患者的情感向幼儿期模式回归，而促进的方式与其他挫折促进回归的方式道理相同。

前面已经针对回归的概念进行过讨论，因此这里我只提出自己的见解。我认为精神分析情境尚存在着这样一个特殊挑战：我们未能将患者出于惯性的防御心理利用起来。毕竟它们是如此的不加掩饰，那些受抑的倾向在防御的挤压下如此突出。比如，一位患者对某些人毫无道理地怀持着羡慕之情，这可能是因为他暗地里存有竞争心理，却要以此掩盖。在分析时，这位患者同样可能用盲目的崇拜来对待分析者，但是不久后，他暗中潜藏的敌对倾向就会浮现而出。另外，他也利用过分的谦逊来掩盖他的过分要求，而分析的时候，这种要求，以及它们的内涵就会浮出水面。再比如，一位患者总是害怕别人发觉他的存在，在其他的情况下，他能以疏远、躲闪、竭力自制的方式来规避这一风险，但是在分析时，这些态度显然不能维持，分析必然撞击一直以来作用重大的防御之心，因此也必然激起焦虑，以及防护盾似的敌意。患者会竭尽全力保护他的护盾，对于分析者，则会如看待一个凶狠的侵略者一样看待他。

弗洛伊德的移情概念无论在理论上，还是在临床实践上都有其含义。弗洛伊德将患者在分析中所表现出的不理智的情感、冲动，视之为对过去情感的重复，相似于对父母、兄弟姐妹的情感，因此，他认为移情反应是“规律而不知疲倦地”重复恋母情结。他把这个当作有力的证据，用以证明俄狄浦斯情结经常发生。显然，这是一个循环论推导出来的产物，解释自身就是从一个备受争议的信念中生根发芽的：即俄狄浦斯情结是一种生物学现象，一切概不能逃，曾经的反应将不断重复。

移情概念的其中一项实践含义，与分析者对患者的态度有关。弗洛伊德认为，分析者因为要扮演患者童年时期的某个重要角色，所以必须将他自己的人格尽可能地模糊掉，也就是弗洛伊德所说的要“像一面镜子”一样。抛弃个人性格色彩，暂且不论它的富有争议性的源头，或许这个建议有一定的作用。分析者理应避免将自己的问题转移给患者，同时在感情上也理应避免与患者纠缠不清，因为这样会遮挡自己的视线，无法看清患者的问题。这个建议本身值得争论的地方在于，它会让分析者变得刻板，缺乏温暖，并且独断专行[①]。

好在，分析者并不能够做一面理想的“镜子”，他不可能摒除自己的自发性。不过，这样的理想却为分析者带来了危险，最后

① 参阅克莱拉·汤普森《关于分析者选择的精神分析意义笔记》，载于《精神病学》(1938)。

它们必然会反馈在患者身上。分析者被这种理想所蒙蔽，继而又欺骗自己，以为真正做到了对患者不带任何情绪色彩。事实上，我认为更正确的建议是，分析者应当了解自己对患者的情绪反应。或许他对患者的某些欲望确实做出了反应，比如患者想骗他的钱，想让他的努力功亏一篑，想激怒他，想羞辱他，而这些倾向有时甚至是以伪装的形式出现，难以辨清，分析者既然做出反应，就应当承认并且利用它们。可以暗问自己，意识到的反应是患者想要的反应吗？或者，是否全部都是患者想要的反应？这样可以从中获取线索，对正在进行的分析过程了如指掌。也可以把自己的反应当成是自我了解的一个机会。

我们把分析者的情绪反应理解为“反移情”，有人可能会反对这一原则，反对的理由与移情概念别无二致。依照该原则，当患者表现出想要挫败分析者的倾向时，分析者就会心中恼怒，他或许会把患者与自己的父亲联想在一起，继而重复某个童年时被父亲挫败的情境。但是，如果从分析者自身的性格结构出发来理解自己的这种情绪反应，就当是针对患者的真实行为的回应，那么他就会认识到，自己之所以恼怒，是因为（比如说）他觉得自己有能力治好每一个患者，而当他治不好时，就会觉得这是一种莫大的失败，是自己的耻辱。再列举一个常见的难题，一旦分析者觉得自己受到了不公正对待，并且想拿这一点来掩盖自己的过分要求，那么他又凭何解开患者的心结？他更加可能对患者的痛苦报以同情，而不会去分析痛苦之下所掩盖的防护盾。

不过，不能忽略这一情况：越是不看重移情的重复性方面，分析者就越需要严格的自我分析。我们不能把患者的问题与他的幼儿期行为草草地联系起来，想要看到并且理解患者身上的问题，以及这些问题所造成的后果，就必须让思想更加开放自由。例如，一个分析者如果连自己身上的问题都无法解决，那么他又如何能够分析神经质抱负，或者受虐狂依赖背后的含义呢？

我觉得，如果让移情这一术语从它原本的片面性含义——过去情感的复苏——解放出来，那么这一术语是留是弃也就无所谓了。我对这一现象的观点可简单概括为，神经质实则是人际交往出现困难的表现；分析情境关系只是一种特殊的人际关系，既然当前的困难出现在了其他的关系中，那么也一定会出现在这种关系中；分析情境的特定条件，让我们在这里研究这些困难成为可能，并且比在其他地方的准确度更高，而且还能说服患者看到它们，以及它们起了什么样的作用。如果能通过这些，将移情概念剥离强迫性重复的理论偏见，那么将来它必能发挥它应有的效用。

第十章　文化与神经质

我们可以通过前面几章的讨论内容看到，弗洛伊德在理解文化因素方面存在某些局限，而且我们已经了解到了造成这些局限的原因。接下来我将这些原因简明扼要地再重复一下，并且，弗洛伊德对于文化问题的态度如何影响了精神分析理论，我们也要总结一番。

首先，文化如何影响性格，影响的程度有多深远，弗洛伊德在发展他的心理学系统理论时并未了解这些，他将自己定位成了本能理论家，因此难以正确评估这些因素。他将神经质的矛盾倾向统一看成是本能倾向，只不过经过了个体环境的伪饰而已，而从来没有认识到，神经质的矛盾倾向实际要归因于我们的生存条件。

因此，西方文明中产阶级广为存在的神经质倾向，在弗洛伊德的眼里都应归咎于生物学因素，是人类固有的本性。它们表现为，强大的敌意无处不在，如恨之迅疾远胜于爱，且手段更为多样；以自我为中心，情感上孤苦无依；迫切想要得到一切，却时时刻刻都在准备着逃跑；名声与利益方面总是含混不清。所有的这些倾向都是由特定的社会环境所造成的，但是弗洛伊德显然没有认识到这一点，而只是把敌意归结为破坏欲本能，把以自我为中心归咎于自恋“力比多”，把渴望获得所有归咎于口腔期“力比多”，把财产、利益问题归因于肛门“力比多”。所以，他也就顺理成章地把现代社会患有神经症的妇女身上的受虐狂倾向，不分青红皂白地统看作女人的本性；把当代患有神经症的儿童身上的某个特殊行为，看成是所有人类在个体发展的过程中必然经历的某个阶段的表现。

弗洛伊德坚信本能内驱力的作用无处不在，就连文化现象也用它来解释。比如，资本主义文化被联系到了肛门性欲，一切战争都是由破坏欲本能导致的，而文化成就只是“力比多”内驱力的升华。文化本质的差异性，是内驱力本质的差异性所导致，之所以各有特色，是因为这些内驱力有的被表达了出来，而有的被压抑了。这等于是说，它们到底是被表达，还是被压抑，都取决于口腔的内驱力、肛门的内驱力、生殖器的内驱力或者破坏欲的内驱力。

同样地，原始部落的某些复杂习俗被解释为类似于我们文化中的神经质现象，也是基于这样的假设[①]。一位德国作家把这种将原始人看作野蛮的神经病患者的过程，讽刺为精神分析式作家的习惯。这种冒天下之大不韪的说法，一旦进入社会学和人类学领域，自然免不了一场唇枪舌剑的论战，论战更是企图将矛头直接指向精神分析，以它在文化问题上的口不择言而全盘否定它。这种做法显然缺乏正当理由。精神分析并非口不择言，只是某些原则偏离了它的贡献初衷，值得争议罢了。

弗洛伊德很少重视文化因素的影响力量，他更加倾向于把某些

---

① 参阅E. 萨皮尔《精神病学与人类文化》，载于《病态与社会心理学杂志》(1932)。

环境影响视为偶然的个人不幸。比如，他认为在一个家庭中男孩比女孩更受偏爱只是一种偶然，可实际上，男孩受偏爱是父权社会的必然产物。说到这里，或许有人会跳出来反驳我，说个体的分析与如何看待偏爱两者间风马牛不相及，可是事实真的是这样吗？现实当中，女孩会因为父母偏爱自己的兄弟而感到自卑、失落。所以，弗洛伊德只把偏爱男孩的普遍现象看成是偶然现象，显然是忽略了影响女孩的因素中的一个重要的部分。

不同的家庭留下不同的童年经历，但同一家庭也会留下不同的童年经历，大多数的经历都是整个文化氛围作用的结果，绝非孤立现象。例如，兄弟姐妹间的竞争，如果因为在我们的文化中屡见不鲜就认为它是普遍的人类现象，实在有些过犹不及。然而，我们不得不问，这种现象与我们文化当中的竞争事实有着何种程度的联系？如果说竞争渗透进了生活的各个领域，而独独没有渗入到家庭中，实在令人难以置信。

文化因素对神经质的影响，弗洛伊德在这方面的考虑也是片面的。他仅有的兴趣，只是研究文化环境对当前的“本能”内驱力造成了何种影响。他假设，文化环境引发精神神经质的手段是给个体施加挫折，这与引发造成精神神经质的主要外部因素是挫折的观点如出一辙。他认为，文化因素通过“力比多”，尤其是破坏欲的内驱力，令压抑、负罪感和自我惩戒的需求得以增长。他总的看法是，交换文化宝藏所要付出的代价就是不满意和不快乐，而办法就是升华。然而，升华的能力有限，同时因为“本能”内驱力受到压抑是造成神经质的基本因素之一，因此弗洛伊德认为，文化造成的压抑强度，与接下来精神神经质发生的频繁程度和严重程度，两者间存在着一个数量关系。

实际上，文化与神经质的数量关系并不重要，重要的是质量关系。文化倾向的性质，个人冲突的性质，这两者之间的关系才最重要。但是由于人并不能做到多项全能且样样精通，所以对于研究该关系感到困难。社会学家了解特定文化的社会结构，所能提供的信息也是基于这方面的，而精神分析家在精神神经质结构的研究方面比较在行，因此提供的信息也是单一的，想要突破难关，唯有两者合作才有可能[①]。

在思考文化与神经质两者间的关系时，要更多地去关注那些神经质共有的倾向，那些才是重要的，在社会学家看来，个人在神经质方面的变化并没有什么内在的关联。我们应该有所取舍，将重心从让人迷惑的复杂的个体差异转向另一个方向，即寻找产生个体神经质的环境及神经质冲突内容的共同特性。

这些资料到了社会学家手中，他们就会将其与文化环境关联起来，该文化环境所起的作用，一是造成了神经质冲突，二是促进了神经质的发展。同时，我们不能忽略以下因素：代表神经质发生根源的因素、构成，以及企图解决基本神经质冲突的因素，神经质患者“必须”展示给自己和他人看的因素。

感到他人的疏远、敌视，自己丧失自信，这是个人出现神经

① 其实，已经有许多精神病学者、社会学家和人类学家在这方面做出了大量贡献，其中精神病学者有 A. 希利、A. 马伊、H.S. 沙利文等；社会学家有 J. 多拉德、E. 弗洛姆、M. 霍克汤姆、F.B. 卡普夫、H.D. 拉斯维尔等；人类学家有 R. 班尼迪克特、J. 霍洛威尔、R. 林顿、S. 麦吉尔等。

质的终极根因。虽然这些态度自身不构成神经质，但是它们却令神经质的种子在这里生根发芽，这些态度混杂在一起，就会让他感到自己正在独自面对一个充满潜在威胁的世界。在这种基本焦虑或者说是基本不安全感的催迫下，他必须刻意去寻获安全感和满足感，这种本质上矛盾的刻意追求就构成了神经质的核心。第一组与神经质有关的因素是环境因素，我们需要从文化中寻找它，它令个体感到孤苦无依，感到与他人的关系总是紧张而敌对，感到不安甚至恐惧，感到自己脆弱无能。

接下来我将指出这方面的相关因素，我无意擅闯社会学领域，这里只是希望能够略微展现合作的可行性。西方文明中有许多因素能够催生敌意，其中首推个人竞争，这是整个西方文化的基础，是不容争辩的事实。利益上的竞争必然对人际关系造成影响，体现为相互倾轧、赶超、攀比等。非但职业群体中的关系受到竞争的支配，几乎每一种人际关系都有它的影子，我们的社会关系、朋友关系、性关系、血亲关系等都有破坏性竞争、诽谤、怀疑、怨恨、嫉妒等的渗透。当前的不公平是如此显著，这不仅体现在财产上，也体现在机会上，如受教育的机会，就医与疗养的机会，参与娱乐活动的机会等，这些构成了另一组滋生潜在敌意的因素。还有更深一层的因素，那就是不同群体或个人间的剥削现象。

也许，制造不安全感的因素，应该首推经济与社会方面的危机感[①]，另外就是因潜在紧张敌对关系而带来的恐惧，如惧怕紧随成

① 参阅拉斯维尔《人类政治文化与不安全感》(1935)。另参阅L.K.弗朗特《精神安全感》，载于《教育的社会经济目标》(1937)。

功之后的他人的嫉妒，惧怕紧随失败之后的他人的冷嘲热讽，惧怕他人的谩骂与责难。另一方面，也害怕因对他人排挤、贬抑、剥削而遭到报复。还有一个产生不安全感的重要因素，那就是人际关系方面的障碍，以及不合群造成的情感无依。在这种情况下，个人感到孤独无助，无人来保护自己，只能自己来拯救自己。当今社会，传统与宗教对人们的影响力急剧下降，它们再难使个人感觉到自己是某个强大集体的不可分割的一分子，也难以感觉到它们是自己可以依靠的保护伞，甚至也难以感觉到它们能为自己的追求指引方向。

我们还剩下最后一个问题，那就是我们的文化到底是如何损害了个人的自信心呢？一个人拥有自信，才能证明他拥有真正的力量。但若他将某一次失败归咎于自身的缺陷，那么自信必然会遭受损害，无论这种失败是事业上的、爱情上的，还是社会生活上的。然而，在面对某种人力不可抗衡的灾难时（比如地震），我们虽然也会感到自身渺小羸弱，却并不会损伤我们的自信。显然，某些外部局限不像地震一样容易察觉，按理说个人追求选定的某一目标时因为某个原因而未能达成，这不应该损害他的自信心才对，但是，在人们的观念中“个人能力决定成败”，于是便不自觉地将失败归罪于自己的缺陷。另外，我们的文化令我们进退维谷、不知所措，一边要面对不得不面对的竞争和敌意，一边又有人告诉我们，人应该心地善良，相信他人，而对他人持有戒心就是不道德的。现实中的敌意如绷紧的弓弦，但是《圣经》却要求我们要像兄弟姐妹一般，我相信这样的矛盾也是降低自信心的其中一项重要影响。

构成神经质冲突的需求、努力和抑制，是我们应当考虑的第二组因素。我们在研究文化中的神经质时发现，尽管症状表现各不相同，但是基本问题却惊人地相似，但是这种相似性是指实际冲突中的相似（比如破坏性抱负与强迫性的情感、需求间的冲突；希望远离他人与希望霸占某人间的冲突；振振有词说要独立与一心希望过寄生生活间的冲突；强迫性谦逊与想成为英杰间的冲突等），与弗洛伊德所认为的本能内驱力中的相似并无关系。

社会学家有一个义不容辞的任务：当观察到个人的冲突后，就应当从文化冲突倾向中寻找个人冲突倾向的原因。同时，因为神经质冲突与安全追求、满足追求都有关联，所以就必须去探寻获得安全感和满足感的矛盾文化方式。比方说，若是在一个没有竞争、不奖励个人突出成绩的文化环境里，我们很难想象有人会把实现野心抱负的神经质发展，作为获取安全、惩罚敌人、表现自我的手段。对于名望和财物的神经质式的追求，这一观点同样适用。同理，在一个不提倡依赖态度的文化里，人们也就不太可能会把依赖他人作为消除忧虑的手段。有些文化当中，流露软弱、痛苦，在社会上意味着丢人，甚至该受惩罚，就如同塞缪尔·巴特拉在《埃瑞洪》中所描写的那样。这种文化下，不太可能有人会将软弱与痛苦当作消除神经质的方法。

我们能够从神经质患者急于向他人和自己展现的形象中，看出文化因素对神经质的最显著影响，他一面担心受到责难，另一面又热切渴望盛名。因此，这一形象便由那些在我们的文化中备受褒奖的品质所构成，比如无私、大方、诚实、有爱心、自我约束、理性、果断、平和等。倘若文化中并不倡导无私，神经质患者也就不会感到必须保持一种毫无私欲的形象了，他也不会一边压抑着与生俱来的对幸福的向往，一边掩藏自己的私心。

相较于弗洛伊德的认识，文化环境对神经质冲突的产生，其影响方面要复杂得多。它令我们有必要深入分析某一特定文化，比如可从如下几个角度来分析：人与人之间的敌对情感，是特定文化以什么样的方式造成的，其程度有多深？什么因素给个人带来了不安全感，这种不安全感有多严重？什么因素将个人本该有的自信心给磨蚀了？有哪些社会禁忌和戒条给人们带来了压抑和恐惧，这种压抑和恐惧有多深？哪些社会观念发挥了作用，让人觉得需要粉饰自己，换言之，它们提供了什么样的目标？特定的环境滋生了哪些需求，鼓励或阻碍哪些需求，令人们必须为之努力？

这些问题不仅在神经质患者身上频繁出现，在我们的文化中，健康个体也经常出现。精神健康的人也会有相互矛盾的倾向，比如自大与自卑，争斗与仁爱，团结与自恋，自私与无奉献等。所不同的是，这些矛盾在神经质患者身上表现得更为激烈，对两种对立的需求更加迫切，这是因为他的内心世界极其焦虑，而无法找到圆满解决的途径的原因。

于是有了一个疑问：生活在同样的环境下，为什么有的人变得神经质，而有的人却能应付眼前的困境？这个问题看起来相当眼熟，我们经常提到在同一个家庭中的兄弟姐妹的情况，比如说，为什么有一个孩子得了严重的神经质，而其他人却只是略微受到影响？这样的问题其实暗藏一个前提，那就是所有个体的精神状况本质上并无多大差异。而这个前提就会诱导人们在寻找答案时，把关注点放在兄弟姐妹间的体质差异上。虽然体质差异肯定关系到个人的整体发展，但是导出这一结论的方式却是谬误的，因为他基于了一个错误的前提。尽管所有的兄弟姐妹处于同一个氛围中，但是这个大的精神氛围对他们的影响方式却各不相同。若是去研究细节，甚至会发现，同一家庭，每个孩子的经历都与别人不同。实际上，或许有无穷无尽的重要差异，体现在各个方面，很多时候除非去仔细分析，否则很难揭示这些差异的本质，以及对将来的影响。受影响较轻的孩子，或许就有能力应对眼前的困难，而受影响较重的孩子，可能就有了冲突，并且被冲突重重包围，简而言之，他可能就会变得神经质。

那么，生活在同样环境下的人，为什么有的变得神经质，有的却没有，这个问题的答案其实与上面的答案差不多。神经质者往往是在困难中遭遇的打击比较大，尤其在童年时遭受了严重挫折的人。

倘若某个特定的文化导致神经质和精神类疾病频频发生，那毋庸置疑，人们的生活环境出了大问题。这代表着，该文化环境给人们造成的精神困难，已经超出了人们平常的应付能力。

到目前为止，精神病医生在治疗患者的实践中，并没有把他们平时对文化影响的兴趣融入进来。这种兴趣从各个方面来看都很重要，本来还可以帮助医生适当地参照这个框架去看待神经质，理解为什么有那么多患者都被困在类似的问题上，一直挣扎不出来；为什么患者的问题在自己身上也能看到它们的影子。分析者如果能帮助患者认识到，他不是唯一的不幸者，命运并非厚此薄彼，同样的命运他的兄弟姐妹也一样经历过，这时候患者身上的一些痛苦就自动消失了。同理，如果分析者能引导患者认清诸如手淫、乱伦、死亡欲望、反抗父母权威这些禁忌的社会本质，患者身上的负疚感也就得以消除了。被竞争压力折磨的分析者，如果认识到人人都要面对竞争压力，就会因此而生出勇气，去解决自身的问题[①]。

但是，有一个问题能够让人们意识到文化含义对精神治疗的重要性，即精神健康由什么构成？那些不太认可文化因素的精神病专家，会倾向于认为这是一个纯粹的医学问题。只要精神病医生仍旧只关注诸如恐惧、迷茫、低沉这些明显的症状，以及它们的康复问题,有这样的解释已经很难得了。但是精神分析治疗的目的，绝不能只停留在这里。这些症状不仅要被去除，还要根除，让整个人格都焕然一新。当然，想要达到这一效果，就必须分析患者的性格结构。然而，分析者在分析性格倾向时，没有什么易于操作的标准来界定怎样为健康、怎样为不健康。另外，医学标准稍不留神就会就范于社会评价的标尺，也即所谓的“正常”，它是指从某个特定文化或特定人群中以统计学的方法得出来的平均数[②]。哪些问题必须解决，哪些问题没必要解决，正是由这一隐形标尺

① 本能理论有新的消除疑虑的方法，在新方法中分析者指出了某些本能内驱力的普遍性。

② 参阅 W. 特洛特《和平与战争中的民众本能》(1915)。

所决定的。“隐形”是指分析者虽然使用了评价标尺，却并没有意识到。

也有人会发自内心地驳斥上述论点，他们都是些没有意识到文化含义的分析者。他们会郑重地说：他们根本没有评价；价值判断与他们无关；他们只解决患者所提出的问题。他们这样辩驳的时候，表明并没有看清一个事实：有些问题，患者压根就不会自己提出来，哪怕是唯唯诺诺地提出来。另外，出于相同的原因，分析者理解这些问题也遭遇障碍，就连患者自己也认为身上的某些怪癖是“正常”的，因为它们恰好符合“平均”。

我们举一个例子，一位妇女竭尽全力推动她的丈夫发展事业，她能力十足，并且帮助丈夫做了许多的工作，可她自己的事业却毫无进展。分析者遇到这种情况时，会因为它看上去很“正常”，而看不出她的态度存在问题。该妇女本人也没有察觉自己有什么问题。当然，我们并不是说她一定有问题，也许丈夫比妻子更有才能，或者妻子因为太爱丈夫，而将自己最优秀的才情视为了对丈夫的忠贞与支持，因此为了获得幸福便这样做了。但是，其他患者的情况或许就不是这样了。比如，我的记忆中就有一位比丈夫更有才能的妻子，她是我的患者，她与丈夫的关系非常糟糕，另外，一个最严重的问题是，她不能为自己做事。对于“正常”女性来说，这个问题一点儿都不算稀罕，所以常常被忽视。

还有一个患者没有提出，且分析者也极少看出的问题——患者不能做出自己的判断，比如针对某个人、某个原因，或者某种制度、某种理论等。这种不能判断，于思想自由的人而言貌似是“正常”的，因此也常被忽略[1]。就如前一个例子，这种特性并不一定给患者造成困囿，但是有的时候，在宽容忍耐的表面之下，或许真正起决策作用的恰恰是恐惧。他可能只是因为害怕站在批评的立场会惹来敌意，或被疏远，而不敢有自己的独立判断。在这种情况下，患者缺乏判断力这个问题就非常值得去分析，如果看不到这个问题，就无法触及他最严重的困难。

毫无疑问，分析者对文化意识的欠缺，还可以表现出更严重的形式。不过我们没必要再讨论，因为它们的不足实在太明显了。因此，就会有这样的情况：分析者可能会觉得患者新出现的冲动值得去分析，但是患者固守的旧规则却没必要去管它；同样，分析者将患者对精神分析理论的问题的批评看在眼里，却没有看到患者言称接受这个理论的问题压根就是撒谎。

因而，认识不到当前文化的评价作用，再加上前面所论述的某些理论偏见，就使得患者提供的材料被片面选择。在精神分析治疗及教育中，目标不经意间变成了趋附“常识”，只有在性欲问题上，基于良好的性生活模式是精神健康的一项必要因素，分析者才意识到了不受目前惯例约束的目标。就像特洛特所说的，人们应该在精神正常与精神健康之间有所区分，并且理解后者意味着思想的自由性，当处于这种状态时，“所有的能力都可正常发挥”[2]。

---

① 参阅艾力西·弗洛姆《精神分析疗法的社会条件》，载于《社会研究杂志》(1935)。

② 参阅 W. 特洛特《和平与战争中的民众本能》(1915)。

第十一章 “自我”与“本我”

“自我”[1]这一概念是如此的矛盾和杂乱无章。在最近的一篇论文中[2]，弗洛伊德宣称神经质冲突介于“自我”与本能之间。该说法貌似可以这样理解，“自我”与本能追求两者相互对立，属性截然不同。但是，若果真如此，那么这个所谓的“自我”又由什么组成呢？

起初“自我”概念并非只包含“力比多”，但凡达成自我保护且与性欲无关的需求都在其范围内。然而，当引入了自恋概念后，许多原本归属“自我”的现象，如爱护自我，追求自我膨胀，追

① 弗洛伊德为解释意识和潜意识的形成和相互间的关系，提出“本我”“自我”和“超我”三个概念。“本我”是完全无意识的，代表本能欲望，但受到意识的制约。“自我”大部分是有意识的，负责处理现实世界的各种事情。“超我”是部分有意识，部分无意识，它是良知和内在的道德判断。总的来说“本我”遵从“享乐原则”，代表了人最为原始的、满足本能冲动的欲望。“自我”遵从“现实原则”，暂时中止享乐原则，在自身和环境中充当“调解员”。而“超我”由“完美原则”支配，属于人格结构的道德部分，充当人格结构的“管制者”角色。它们三个共同构成了人的完整的人格，人的一切心理活动似乎都可以从它们之间的联系中得到合理解释。

② 参阅西格蒙德·弗洛伊德《可终止和不可终止的分析》，载于《国际精神分析杂志》(1937)。

求名望、尊严、梦想及创造力等[1]，其本质都转而被视为性欲的了。紧接着，当“超我”概念也被引入，那些用以规范行为与情感的思想品德、道德标准，也都质变成本能的了（“超我”，变成了自恋“力比多”、破坏欲本能、性依恋衍生物的混合体）。所以，弗洛伊德看待“自我”与本能时，认为它们是一对含混不清、相互对立的事物。

至于他到底将“自我”归纳为何种现象，我们只能从他的诸多论著中搜集信息才能大概认识。它似乎需要这样几组因素：自恋现象;非性欲的“本能”派生物（如通过升华或反向作用形成的品质）；本能内驱力（如无乱伦特征的性欲）。为能令个人接受它们，在这里内驱力是有所变化的，不过，这个说法等于是它们是社会所认可的[2]。

所以，弗洛伊德的“自我”并非彻底站在本能的对立面，因为从本质上说它自己也是本能的。就像弗洛伊德的部分论著中所言，“自我”其实是“本我”的一个有机组成部分，所有的原始的、未经修饰的本能需求加起来，就是“本我”[3]。

“自我”是脆弱的，这是它的最基本特性。“本我”聚拢了所有的能量源泉，而“自我”只能借力生存[4]。“自我”的喜好与厌恶、目标与策略，统统取决于“本我”和“超我”，它如履薄冰，既不能让本能内驱力与“超我”冲突厉害，也不能与外部世界冲突厉

---

① 参阅西格蒙德·弗洛伊德《自恋：引言》，载于《论文集》（1914）第四卷。

② 弗洛伊德通常将“超我”视为“自我”的一个特殊部分，但是有些文章里他又强调两者间的冲突。

③ 参阅西格蒙德·弗洛伊德《群体心理学与自我分析》（1922）。

④ 参阅西格蒙德·弗洛伊德《自我与本我》（1935）。

害。就如弗洛伊德所描述的那样，它同时依附着“本我”“超我”和外部世界三位大佬，而自己夹在中间左右逢源。“本我”追求满足时的随心所欲令它羡慕,但它却不得不顾及“超我”的各种禁令。它脆弱得如同一个没有资本而只得从对方那里乞求好处却又不能给对方造成任何损失的人。

弗洛伊德几乎就每一理论都提出这样的结论：虽然基本观察敏锐而深刻，可惜由于将它纳入了一个尚且没有什么大用的理论体系，它的实用价值也就几乎为零。我评价“自我”概念时恰恰也得出了这样的结论。于临床角度而言，人们确实认可这个概念。比如在我们的印象中，慢性神经质患者是没有主宰自己生活的能力的。他们被莫名的情感所支配，无法自控，他们的反应乃至一举一动与自身的智商判若两人，显得生硬而无奈。他们待人接物缺乏主观意愿，而往往被一些无意识的强制性因素所驱使。在强迫性神经质中，这种现象尤其显著，而对于所有严重的神经质，它几乎都适用，更遑论神经病了。弗洛伊德用了一个比喻，十分贴切地刻画了神经质的“自我”，说一个骑士心中想着要控制骑着的马，然而却被马带到了马想去的地方。

然而，这类对于神经质的观察却不足以证明“自我”大致而言就是本能的修饰部分，即便对于神经病也并非定律。假设一个神经质者对他人的同情在极大程度上是变形后的虐待狂行为，或者外化的自我同情，但是并不能一锤定音地说他的同情没有一丝真实的成分①。

① 在这里，“真实的”是指该情感（或判断）禁止对所谓的“本能”做进一步分析；“真实的”既指基本的，又指自发的。

再假设，某患者因为潜意识中在分析者身上寄予了过高的期望，或者因为潜意识中在竭尽所能地排除任何竞争，因而表现出了对分析者的羡慕，但是这样也并不能证明该患者没有一丝欣赏分析者的能力与人格的成分在内。我们来看看下面的这种情况。A可以通过毁谤来达到伤害B的目的，但他没有这么做，其中有各种他没有意识到的原因存在：他可能害怕B报复；他可能强迫自己维护一个正直的形象；他可能在期待别人的称赞，而将自己的恶意姿态掩藏起来。由此看来，他不忍行毁谤之实，并不能断定是因为他觉得这样做于自己的尊严有损，也不能断定就不可能是因为他主观意识到了这种报复卑鄙下流。当然，这不是我们重点要考虑的问题，重点要考虑的是文化因素对于道德品质方面的影响究竟有多大？我认为“真实性”是有存在可能的，无论弗洛伊德如何高捧“本能”，相对论者如何鼓吹“条件”挥舞社会评价的大棒，都不能抹杀它。

对于精神生活健康的人来说，这句话同样适用，或许他会在动机上欺骗自己一两次，但是没有证据能证明这种事情如家常便饭。相比神经质者，他所受到的无意识内驱力的频度和力度都较弱，因而受到的焦虑的折磨也相对较轻，所以弗洛伊德更是缺乏依据来对他妄下结论。他在“自我”概念中就认定，更为基本的无法进一步分解的“本能”单位的情感或判断根本就不存在。他的概念通常是指，理论上，必须把所有对人或目标的判断都当作“更深层”的情感动机的粉饰作用，而必须把针对某一理论的批评态度看成是最终情感上的反抗。也就是说，站在他的理论角度，所有的喜好、厌憎、同情、豪爽、公正感及事业心等，归根结底在本质上都是由“力比多”或破坏欲内驱力决定的，如果不是，则不存在。

不承认智力能够独立存在，无疑助长了对判断力的怀疑，试想，它可能导致分析者对任何事情都质疑，认为被分析者的判断也许仅仅是他潜意识里的喜欢或厌憎的表达。它也可能助长这样一种错觉，认为既然想洞悉人之本性，就是要挖掘出每一个判断或情感背后不可告人的动机，然后，这又进一步助长了分析者自以为全知、扬扬自得的姿态。

另外，它还助长了情感怀疑，这样可能造成的后果是让情感被一层阴霾所压迫。情感的深度、自发性，都因为那些“那一定是因为”“或多或少因为”的“刻意的觉悟”而受到伤害。所以，我们常常看到这种情况，被分析者虽然有所改善，可是却变得太过刻意、生硬，好像还有做作的味道。

像这一类的观察，某些时候竟被用来佐证一个老掉牙的谬论：意识到的太多，就会阻挠人去自省。是否能自省与意识到太多，我看不出当中有什么因果关系，之所以要自省，是因为人人都将动机与卑鄙画上了等号，且相信它无处不在。弗洛伊德自己对动机就带有偏见，认为它价值低劣，尽管他希望站在科学的立场上来思考它们，并且肯定它们不属于道德评估的范畴，就如排卵期的大马哈鱼在本能的驱使下逆流而上一样。当太过热切地追捧一个有价值的新发现时，却有可能令它失去应有的价值，事情就是这样。弗洛伊德揭示了无意识的以自我为中心，以及反社会内驱力的深远影响，并且教导我们，审视一个人的动机时要持怀疑的态度。但是，如果就此断言（比如说），个人所做的判断与他的是非观并不一致，个人不可能因为肯定某项事业的价值就为该事业奉献终生，友好一定不是代表人类关系良好的直接表达，那就未免太过武断了。

令人遗憾的是，精神分析文献提供给我们的有关“本我”的资料相当多，但是有关“自我”的资料却是少之又少。这要归咎于精神分析的发展历史，精神分析最先对“本我”做了详细的研究，而有关“自我”的详细阐述本应该随后而至,但是人们没有等来它。弗洛伊德的本能理论大大地限制了“自我”的空间范围和生命力，而所有的这些，都不外乎上面所论及的那点内容。我们唯有摈弃本能理论，才能知悉“自我”更多，可是这样的话怕是与弗洛伊德心目中的那些现象不太一致了。

下面我们就会看清楚，“自我”虽与弗洛伊德所描述得很接近，但是它却并不是人类本性中固有的，也不是患上神经症以后的人固有的，而是一个具体的神经质现象，是一个过程复杂、令自己有异于原先的自己的结果。我在其他场合把这种自我异化称作“影响个人发展其自发性自我的障碍”，它是一个关键的因素，不仅是滋生神经质的土壤，还死拽着患者不让其脱离神经质。倘若没有这种自我异化，神经质患者就不会被迫朝着与自己的神经质倾向相异的目标行去。而且，如果他不再具有评价自我与他人的能力，他也就感觉不到自己事实上非常依赖他人了，因为无论什么样的神经质依赖，都是基于这样一个事实根由，那就是此人丧失了自身的引力中心，而只能依赖外部世界。

一个崭新的精神分析疗法将会展现在我们面前，前提是我们必须舍弃弗洛伊德的“自我”概念。只要“自我”被赋予的本质仍是一边监督一边顺从于“本我”，它就没办法成为治疗的对象。让“强烈的情绪”受到“理性”的约束，才是我们应当寄予的期望。如果这个“自我”因为脆弱而被当作神经质中重要的一部分，那么一个新的治疗任务就是必须改变它。分析者的终极奋斗目标，就是帮助患者恢复他的自发性和判断力，用詹姆斯的话来说就是恢复他的“精神自我”。

“自我”—“本我”—“超我”，这是弗洛伊德假设出的人格结构，根据这一结构，他对有关神经质冲突的本质，以及焦虑性神经症的本质提出这么几条构想。首先，他将冲突划分成三组：一、个体与环境的冲突。这种冲突并不局限于神经质，但是它是造成另外两种冲突的罪魁祸首；二、“自我”与“本我”的冲突。当这种冲突发生时，“自我”就有被本能内驱力的不可匹敌的力量侵吞的危险；三、“自我”与“超我”的冲突。当这种冲突发生时，“超我”就构成了威胁。这些论点我们将放在后面的几章中进行讨论。

我们暂且将这些专业术语和理论细节抛到一边，先看看弗洛伊德的神经质冲突概念究竟是何意，大致来说可归纳为：人与环境的冲突是必然发生的，因为本能具有遗传性；个人与外界环境的冲突，传到个人内部后就会激起“炽烈情感”与“理智或道德准则”的冲突。

这个概念难免会让人觉得，它一面是科学的，一面又有基督教义的影子，遵循着善与恶、道德与非道德、兽性与人性之间的对抗的思想意识。虽然这不至于招来非议，但是存在一个问题，难道只有神经质冲突才具有这种特性吗？通过对神经质的观察，我得出这样一个观点：并不是弗洛伊德假设的那样，人与环境的冲突并非不可避免，而且，即便有这种冲突，也不是因为本能的关系，而是由于环境激发了人的恐惧与敌意。由此引发的神经质倾向，或许从某些角度来看的确提供了对抗环境的一项手段，但是如果从其他角度去思考，就会发现它实际上加剧了个人与环境的冲突。因此，我认为人与外界环境的冲突，除了是造成神经质的根因外，还是神经质障碍的一个基本组成部分。

除了这些以外，弗洛伊德用图示化的方式来确定神经质冲突的起源，我觉得这种方法十分蹩脚。事实上，造成冲突的原因五花八门，不一而足[①]。比如，两种不同的神经质倾向因为水火不容而可能酿造冲突，像专制欲望与惰性依赖之间的冲突。还有可能部分神经质倾向本身就暗含着冲突因素，比如完美形象的需求，它既包含了顺从倾向，也包含了反抗倾向。还有，不容自己有错的形象需求，会与所有不符合这种形象的倾向都发生冲突。有关冲突的本质，冲突在神经质患者的性格结构中所扮演的角色，以及冲突对生活的影响，我们这本书通篇都在或详或略地讨论这些，所以这里就不再占据过多篇幅。下一章我将讨论针对神经质冲突的不同态度导致在理解焦虑性神经症时的不同方式。

---

① 第一个指出存在不同类型的神经质冲突的人是弗朗兹·亚历山大，参阅其《结构冲突与本能冲突的关系》，载于《精神分析季刊》(1933)。

第十二章　焦虑

有些人同弗洛伊德一样，倾向于把一切对精神现象的解释最终都归结到器官之上，对焦虑的态度也是如此，认为它是一个极具挑战性的问题，因为它与生理过程有着密不可分的联系。

一般情况下，焦虑确实与某些生理上的症状一起出现，比如心悸、泌汗、腹泻、呼吸急促等，这些生理症状出现的时候，患者有时能够清醒地意识到焦虑，有时却意识不到它的存在。例如，某患者在检查之前就有腹泻的表现，同时意识到自己心中焦虑。也有的情况是，虽出现了诸如心悸、尿急等症状，当下却并没有意识到焦虑，直到后来才肯定当时确实存在焦虑。焦虑出现时，情绪在身体上的体现的确很明显，但是这些反应并不是焦虑所独有的。比如，当我们心情沮丧的时候，身体活动及精神活动的过程都会变得缓慢；当我们特别兴奋的时候，肌肉组织更有张力，行走时的步伐也更加轻快；当我们怒火炽盛的时候，身体会不由自主地颤抖，血液向着头部上涌。

还有一种说法用以阐明焦虑与生理因素的关系，说焦虑可能是由化学药品引发的。但是这依旧不是焦虑的特有反应。化学药品的确可以令人产生兴奋或者让人头脑昏沉，但是这样的药效并没有构成心理问题。只有精神环境造成的焦虑、困倦、兴奋等，才能被纳入心理问题。

焦虑是应对危险时自然生发的一种情绪反应，里面可能包含有恐惧。但焦虑与恐惧的特征并不相同。

其一，焦虑往往伴随着精神涣散、疑神疑鬼，就算是面对十分确切的危险，比如地震时，他虽然感到恐惧却往往意识不到自己因为什么而恐惧。焦虑性神经症的表现与之相同，不管面对的危险是确切的还是未知的，比如恐高症。

其二，正如戈尔茨坦指出的[①]，引起焦虑的危险所威胁到的东西，正是属于人格当中的本质或核心的东西。如同事物的价值因人而异，对威胁的感知也是因人而异的。虽然有些东西如生命、自由、儿女等几乎对于所有人来说都非常重要，但是代表重要价值的东西，如身体、财产、声誉、信念、工作、爱情等，在很大程度上要取决于个人的生活环境，以及他的人格结构。认识到焦虑的这一条件，将有助于我们去理解焦虑性神经症。

其三，就像弗洛伊德所强调的一个正确观点：面对危险时感到自己孤独无助，也是焦虑不同于恐惧的一个特点。造成孤独无助的因素分为外部因素和内部因素，外部因素如地震，内部因素如自身的软弱、胆怯、习惯于被动等，同一种情形既可以引发恐惧，也可以引发焦虑，最终到底表现为什么，就要取决于个人应对危险的意志与能力了。我讲一个从患者那里听来的故事，用以说明这个问题：某天夜里，这位患者听到邻屋那里传来声响，好像是窃

---

① 参阅库尔特·戈尔茨坦《恐惧问题》，载于《大众心理医学杂志》第二卷。

贼在开门，她吓得浑身出冷汗，心跳加速，焦急不安，于是起身溜进大女儿的房间，女儿当时也很害怕，却决定去窃贼作案的房间里看个究竟，谁料如此一来反而把窃贼给吓跑了。面对同样的危险，母亲感到软弱无助，而女儿却没有；母亲表现出的就是一种焦虑，女儿表现的则是恐惧。

所以，想要将某个焦虑解释得令人满意，就必须弄清三个问题：危险的根源是什么？危险源所威胁的是什么？感到孤独无助的原因是什么？

焦虑性神经症中最让人难以理解的是，要么根本看不到引起焦虑的危险存在，要么就是所看到的危险与焦虑的强度远远不对称。人们认为，神经质患者所畏惧的危险，只是他们凭空臆想出来的。但是，焦虑性神经症的强烈程度，丝毫不亚于由险境所激发的焦虑。不得不说，正是弗洛伊德的引导，令人们理解这个令人困惑的问题有了进展。弗洛伊德断言，暂且不管表面如何矛盾，其实如同客观焦虑中的危险一样，焦虑性神经症中所害怕的危险同样真实，只不过是由主观因素导致罢了。

弗洛伊德在探寻主观因素的本质时，总是将焦虑性神经症与“本能”基础缔造联系。说得简单点，弗洛伊德认为，危险的根源是“本我”的张力或“超我”的惩罚力；危险源所威胁的是“自我”；孤独无助的感觉来自于“自我”的软弱，以及它对“本我”和“超我”的依赖。

有关“超我”的恐惧，我们将放在“超我”概念这一章里顺带论述，这里主要讨论弗洛伊德所谓的更严格意义上的焦虑性神经症。这一焦虑，他认为是“自我”害怕被“本我”的本能要求淹没所造成的。这依旧是机械论式的观点，与他的本能满足学说一样：本能张力减弱带来满足感；本能张力增强带来焦虑。引发焦虑性神经症的恐惧，其实是内驱力被压抑所产生的紧张，比如说，孩子因为被母亲单独留下，因为他潜意识里所期望的“力比多”内驱力受到阻碍，继而遭到挫折，孩子就会感到焦虑。

弗洛伊德企图在观察中获取能够证明该机械论观念的例证，当他观察到患者终于能够宣泄一直以来压抑的针对分析者的敌意时，就认为他可能已经摆脱了焦虑，因为他相信，焦虑正是由被压抑的敌意产生的，只要这种敌意被表达出来，焦虑就会自然消失。在弗洛伊德看来，患者之所以能摆脱焦虑，或许是因为分析者对他的敌意并未报以恼怒或斥责。或许他没有看清楚，这一解释恰恰将他的机械论观念的唯一证据也剥夺了，但他没有认识到这个结果，这更加证明理论上的偏见对于心理学的发展造成了很大的障碍。

尽管害怕责备他人或报复他人的确有可能造成焦虑，但是光凭这一点显然不足以令整个问题明朗。神经质患者为何如此害怕这种后果？我们不妨先接受这个假设，相信焦虑是由于我们心目中的重要价值受到威胁而做出的自主反应，同时摈除弗洛伊德的某些先入为主的观念，我们来看一看，在患者的感觉里，若是他产生敌意将给自己造成什么样的威胁呢？

针对不同的患者，可能会有不同的答案。如果是一个受虐狂倾向比较明显的患者，他就会感到自己对分析者的依赖与对母亲、校长、妻子的依赖是一样重要的，他会感到他的生活里不能没有分析者，甚至会感到分析者拥有对他的愿望生杀予夺的权力。这种顺从他人的态度，决定了他的实际人格结构，以及安全感的含义。所以，维持与分析者的关系，于他而言是头等大事。联系他身上的其他一些比较有说服力的理由，在他的幻想里，表达敌意最终会和被别人抛弃挂上钩，所以一旦出现敌意冲动，焦虑感就会紧随而来。

如果是一个要求自己必须完美的患者，那么他的安全感就系于与他的特定准则相符合；或者与他认为的别人寄予的厚望相符合。比如，他的完美形象的基本构成是理智、冷淡、儒雅，那么只要敌意性情绪稍稍露头，就足以引发他的焦虑，因为敌意情绪会在他的脑海中逐渐演变成被谴责的危险。对于追求完美的人来说，这种威胁极具杀伤力，就如遭受遗弃对受虐狂倾向的人一样。

其他对焦虑性神经症的观察，也同样符合这一原则。自恋型的人，其安全感系于被欣赏和被羡慕，那么失去社会地位足以对他造成致命威胁。一旦他身处于一个令自己没有存在感的环境中，焦虑就会悄然而至，这在国内一些备受敬重的流亡者身上异常明显。如果将安全感系于与他人融合，那么当他孤身一人的时候，焦虑就有可能随之降临。同理，当一个人将安全感系于默默无闻，那么当他引起别人的注视时，就可能会出现焦虑。

基于以上资料，好像可以证明，神经质的倾向，或者说追求的寄托安全感的倾向，就是神经质患者的焦虑所受的威胁。

这样解释焦虑性神经症所受到的威胁，让我们回答危险源头的问题时变得容易。是一个很普通的答案：但凡对个人的保护性追求，也即他的特定神经质倾向造成威胁的物事，都能引发他的焦虑。只要我们厘清他主要靠什么获取安全感，我们就能预测什么样的东西能令他感到焦虑。危险的源头可能存在于外部环境，比如，流亡者一旦失去威望，他就会急需安全感。同样的道理，如果一个女人过分依赖丈夫，表现得像受虐狂一般，当她有可能因为外部环境的变迁而面对失去丈夫的危险时，那么无论外部环境是丈夫出国、出轨，或者疾病，她都会感到焦虑。

还有一种情况，危险的源头就在神经质患者本人身上，这种情况的存在使我们理解焦虑性神经症时变得困难。但凡危害到安全手段的物事，无论是正常的情感，还是反应性的敌意，或者压抑、矛盾的神经质倾向，这些源于他自身的东西都有可能充当威胁的源头。

神经质患者可能会因为一个微不足道的小错误、一种正常的情感或冲动，而产生这种焦虑。例如，一个将安全感寄托于永不犯错的人，他会因为诸如忘了某人的姓名、旅行安排未尽周详等这类的谁都可能会犯的错误而产生焦虑。同样，一个将安全感寄托于无私形象的人，会因为动了私心而产生焦虑，尽管这种私心合法且合理。至于从孤独中寻求安全感的人，爱情或任何深情厚谊都可能会令他产生焦虑。

在这些被视为威胁的内部因素中，敌意的流露无疑被排在首位。有两个原因。首先，由于每一种神经质抛开它的特殊性质暂且不论，它们都会让人变得虚弱和脆弱，所以神经质中的敌对反应便格外频繁。相比健康者，他会因为对拒绝、讥讽、责备等更加敏感，而更多地反应为愤怒、妒忌、贬低、虐待狂冲动、防御性进攻等。其次，他感受到的来自于他人的威胁，品类纷杂，程度深刻，以至于不敢轻易反抗，除非他觉得不加掩饰敌意能给他带来安全感，可是这种情况相对来说十分稀少。然而，尽管敌意以危险因素的身份经常出现，我们也不能受其引诱，妄下结论说正是敌意本身引发焦虑。就像前面所暗示的，我们应该时刻暗问自己，敌意造成的危险究竟是什么？

同样地，压抑本身也不会激发焦虑，只有在它威胁到了某一个特别重要的价值时才会产生焦虑。好比一个船长必须改变航向，否则就会顷刻撞船，但是他的手势和声音在此刻失去了作用，这种情况下他便会陷入极度的惊慌中。这种惊慌失措与焦虑性神经症的特征极其相似。安全策略受到抑制，这种抑制不会助长焦虑，但是如果身处危急关头却不能克服这种抑制，就极可能引发焦虑。

最后，神经质倾向由于自相矛盾，所以自己会威胁到自己。因此，一面有要求独立的冲动，一面又将安全感寄托于依赖他人，当前者威胁到后者时，焦虑就会产生了。反过来，如果将安全感寄托于独立的情感，而又有受虐狂式的依赖冲动，那么也是可能引发焦虑的。由于任何神经质都包含诸多相互冲突的倾向，所以一种倾向威胁到另一种倾向的概率相当之高。

不过，我们并不能草率断言，说只要存在矛盾倾向，焦虑就会产生。有很多种可能性在同矛盾倾向进行着抗衡。比如，某一种倾向由于被压制得几乎不能露头，因而对干扰其他倾向无能为力；

也可能该倾向被幻想替代；还可能找到一种两面讨好的解决办法，比如消极抵抗，消极抵抗就是介于反抗与顺从间的妥协之策；另外，一种倾向可能会力压另一种倾向，比如，逃避他人关注的强迫性需求可能完全压制本应紧随其后的强迫性抱负。这些花样繁多的解决办法能够制造一种微妙的平衡，只有当这种平衡受到妨害，并且安全策略受到严重威胁时，焦虑才会产生。

为使我的焦虑性神经症概念进一步明朗，下面将它与弗洛伊德的焦虑概念进行对照。弗洛伊德认为,危机感从“本我”和“超我”中诞生，关于这点前面我已有所提及，大致来说或许它与我的神经质倾向观念非常一致。我的观念主张:危机感的根源是不确定的，它可能是由外部因素构成的，也可能是由内部因素构成的；激发焦虑的内部因素可能是一种抑制效应，并非一定是弗洛伊德所说的内驱力或冲动；危机感的源头也可能是神经质倾向本身，但原因与其他刺激性因素一样，必然是危及到了至关重要的安全手段才会如此。

在我的概念中，神经质倾向并不是危机感的根源，它只是那个被寄托了安全感却受到威胁的东西，一旦它“遭遇不测”，焦虑立马就会产生。还有一个分歧，我认为受到威胁的事物是个人的安全感，而并非弗洛伊德所说的“自我”。因为，正是神经质倾向所带来的好处让他觉得有安全感。

关于焦虑性神经症的分歧，归根结底还要追溯到“力比多”理论和“超我”概念上。弗洛伊德所认为的本能内驱力或它们的衍生物,在我看来都是安全需求所造成的倾向。它们受限于潜在的“基本焦虑”。所以，在我对神经质的解释中，焦虑被分为两大类，一种是基本焦虑，另一种是显著焦虑。基本焦虑是应对潜在危险做出的反应，显著焦虑是应对明确危险做出的反应。明确在这里并不是指意识到了。无论是潜在焦虑，还是显著焦虑，都可能因为各种各样的原因而受到压抑，而且，焦虑的流露途径往往是梦境、身体上的伴随症状，以及寻常的鲁莽冲动等，所以没有必要被意识到。

我们可以想象这样一个画面来区别两种焦虑的不同之处，一个人正在一个充满危险的国度里旅行，除了知道这里有虎视眈眈的土著人，凶恶的动物，以及食物即将告罄，他对这里一无所知。假若他手里有一杆枪，而且不用为食物发愁，那么即便他知道周围危机四伏，也不会有显著的焦虑，因为他觉得自己拥有自保之力。但是，假如他的枪和食物被偷了或被毁了，他就会感觉到格外危险，此时，如果于他而言生命是第一位的，他就会有显著的焦虑。

基本焦虑本身就是一种神经质现象。它的出现主要是由于当前存在一种冲突：既依赖又抗拒父母。因为依赖，必须压抑对父母的敌意。早年我编写过一本书，对此有过详细的论述，压抑敌意会让人无心防备，因为他看不到存在的危险。压抑敌意也会让他意识不到别人的威胁，本应戒备的场合，他却表现得温驯如羊，既听话又友善。这种无心防备，再加上害怕报复，虽然受到压抑却依然存在，这可以解释神经质患者在面对危机四伏的世界时，为何会感到孤立无援[①]。

① 基本焦虑性神经症与普通意义上的恐惧的不同之处在于：恐惧是在面对看得见的危险，比如疾病、贫穷、死亡、敌人、自然伟力等时，而表现出来的孤独无助的情感；而基本焦虑中的危险源，被认为主要是预期出来的他人的敌意，而孤独无助感，则是由这些被压抑的敌意引发的。

人在面对危险时为何会感到孤立无援？这就是第三个与理解焦虑有关的问题，不过它还有待讨论。弗洛伊德认为，是“自我”的脆弱，以及“自我”对“本我”和“超我”的依赖性造成这种孤独无助的。可是我认为，在某种程度上，孤独无助是隐藏在基本焦虑中的。另外，神经质患者如若身处险境，也会感到孤独无助。一方面，他驾轻就熟地用惯用的安全手段来保护自己，另一方面却根本没有任何防护能力，仿佛行走在一根钢丝绳上，为了不掉下来，他必须保持平衡，但此时若有了新的危险降临，他就会显得孤独无助。最后，孤独无助还因为神经质的内驱力隐含着一种强迫特性。造成焦虑性神经症的主要内部因素因为对于神经质结构来说是一种硬性需求，因此具有强制性的特点。神经质患者在面对某些刺激时没有抑制敌意反应的能力，甚至连减少这种反应都做不到，尽管有可能这种敌意严重地危害了自己的安全。同样的道理，再比如说，他的惰性尽管严重地危害到了他的雄心壮志，他却不能哪怕只是暂时克服它，因为他已经丧失了这个能力，即便他的追求同样是强制性的。无怪乎经常有神经质患者诉苦说自己有种陷落感，这不是没有道理的。造成显著焦虑最大部分的原因就是，他陷入了进退维谷的困境中，因为两方面都具有强制性，也正是因此他才会感到孤独无助。

既然对焦虑概念有了新的诠释，那么也就意味着治疗方法也须随之改变。认同弗洛伊德概念的分析者，面对患者的焦虑时第一反应就是先寻找被压抑的内驱力。当焦虑出现在精神分析治疗过程中时，他的大脑会这样想：患者是否对分析者有着压抑的敌意冲动？或者，他是否有着性欲要求却没有意识到？分析者的大脑如果让理论上的预先假设牵着鼻子走，他必然会期望发现更多的影响感情的因素，但是当他发现在对实际情境中的诸多因素解释不通时，他便会使出最后的撒手锏：如此强烈的欲望或者敌意，必是幼儿期的影响尚未消退所致，这些影响先前一直被压抑着，但是现在复苏了，并且投射到了分析者身上。

要是我的话，当患者出现焦虑时，我就会适时地向他解释：通常而言焦虑是因为身处两难之境却没有意识到而造成的，并由此鼓励患者去探寻这种两难的真面目。回头再看我们的第一个例子，当分析者理解了患者对他所表现出的敌意反应的原因后，就应该告诉患者，发泄敌意只能获得一时畅快，但是焦虑问题并没有得到解决；没有体验到敌意，不代表没有敌意；之所以生出焦虑，或许是因为敌意威胁到了某个重要的东西。如果真正彻底地搞清楚了这个问题，那么敌意所威胁到的神经质倾向也就有可能被揭示出来了。

以我的经验判断，这种方法除了能够节省时间，让患者的焦虑症早日康复外，还能够对他的性格结构方面的资料也有所了解。弗洛伊德言称，通过释梦可以理解患者的无意识过程，这是毋庸置疑的，我认为它同样适用于对显著焦虑的分析。正确分析焦虑情境，能够更好地理解患者的冲突。

第十三章 “超我”概念

弗洛伊德的“超我”概念建立在如下的观察基础之上：部分神经质患者给自己规定的道德标准又高又窄；他们的生活动力不是源自于对于幸福的追求，而是源自于苛求正确与完美的强烈冲动；他们被数之不尽的“应该”和“必须”支配着，比如工作必须做得完美，必须要有才华，必须判断准确，必须是最棒的老公、最棒的女儿、最棒的全职太太。

他们的道德目标具有强迫性，没有弹性，不能通融，任何内在的、外在的凡是可能失控的情形都不允许出现。他们认为再深的焦虑到了自己身上也会变得可控；自己应该永远不犯错，不受伤害。一旦事实与他们的道德准则不符，他们就会产生焦虑，背上羞愧的包袱。受控于这些要求的患者，必然会因为不能符合这些要求而自我谴责，非但如此，就是曾经没有符合这些要求也会令他们责备自己。他们在不利的环境条件下长大，却觉得即便如此也不应该受其影响，觉得以自己坚强的心态，可以忍受任何虐待；诸如恐惧、顺从、憎恨这样的情感根本不应该发生在自己身上。他们背上了本不应该背负的责任，如无意外很可能会导致负疚感的产生，甚至这些负疚感能追溯到童年时期。

这些要求是如此的强硬，从它们总是被不加选择地应用就可以看出来。他们会觉得喜欢每一个人是自己的义务，如果做不到就会谴责自己，但是，对于某些令人不快的品质却置之不理。比如，一位患者谈起某位妇女时，说她冷漠、自私、小气，从不关心别人，这些都有事实根据，并非她信口开河。紧接着，这位患者就开始“分析”因何不喜欢她，可是我打断了她，我问她，为什么你非得要求自己喜欢那个完全有理由不喜欢的刻薄女人？但是当患者听到这个问题后，却似乎大松了一口气，并认清一个事实，一直以来她把喜欢每一个人都当成了自己的守则，无论那人的人品如何，对她而言有何价值。

这些准则体现出的强制性本质还有另一个方面，那就是弗洛伊德称之为“自我陌生”的性格。该术语的含义是，个人无权左右这种自我强制准则，无论喜欢或不喜欢它，相信或不相信它，只是不加区别地应用它，仿佛这是他的一项本能。毋庸置疑，这些准则确实存在，而且难以抗拒，除了遵循它别无选择。假若它们发生偏离，那么必须是在个人思想意识得到首肯的前提下，否则接下来的他就会陷入负疚感、自卑感或焦虑当中。

对于个人来说，他可能意识到了这种强迫性道德目标真的存在，比如他也许会自称是个“完美主义者”。然而，他追求完美的偏执态度并不允许自己存在有非理性完美追求，所以他更可能不会承认，而只是不厌其烦地强调，自己应该有能力感觉不到伤害，应该有能力控制自己的情绪，应该有能力应对每一种场合。或者，他可能天真地认为，从气度、品质来看，自己确实是完美的、善良的、理性的。最后的结论是，他或许压根就没有意识到这种道德目标的存在，更别说它们的强迫性特征了。简单来说，人们虽觉得意识到了这些准则，事实上却没有意识到。

那么，内驱力能否被意识到呢？有关这样的问题实在太多了，我们的书里这样问，在其他地方也会这样问，但是谁也不能下确切的结论。或许一个人可以意识到自己雄心万丈，但是他却意识不到自己是雄心的傀儡，也意识不到雄心那破坏性的一面；他也许可以意识到自己常有焦虑感，但是他却意识不到自己的生活模式已在很大程度上受到了焦虑的左右；同样地，简单地说一个人是否意识到有对道德完美的需求，并不能代表什么。探查有没有意识到并不太难，重要的是分析者和患者都应该认清这些需求如何影响了个人与别人的关系、与自己的关系，以及影响的程度有多深。同时，也应该认清是什么原因让个人觉得必须维护他的严苛准则。这是两条思路，从这两条思路进行研究意味着工作将更加艰苦，因为同各种无意识因素的斗争正是在这些问题里开展的。

或许人们会发出疑问，既然患者很少意识到自身存在这样的准则，而且从未意识到这些准则的力量和作用，那么分析者又如何得出结论，说这些要求是真实存在的，并且发挥着效用呢？有三种不同类型的资料能够说明问题。

第一，通过观察，一个人可能会死抱着某种僵化的行为不放，然而这种行为既非环境迫使，亦非利益要求。例如，他可能为任何人办任何事，比如借钱给某人，为某人找工作，为某人跑腿，但是就是不能为自己办事。

第二，通过观察，一些焦虑、自我谴责、自我轻视的出现，可能是因为与现有的强迫性准则有所偏离而做出的反应。例如，一位初次做实验的医科生，会因为无法又快又准地将血细胞计数马上做好而感到自己很笨；一个向来豪爽的人，会因为要出钱去旅行或买套更舒适的公寓而感到焦虑重重，尽管他有足够财力去做这两件事；一个人只要判断失误就会责备自己，觉得自己太无能，即便所判断的那个问题允许有开放性的见解。

第三，人们还发现，任何人都有过这样的体验，时不时觉得别人对他的态度是一种指责，或者觉得别人是在期望他做出不可能做出的成绩。但是实际上，人们并没有指责他的意思，也没有施加任何苛刻的要求给他。针对这种情形，我们可以下结论说：于个人而言，他有足够理由认为这些态度是真的；他的假想也许（比如说）是他自己的苛求态度与指责态度的投射。

我觉得这些资料是可信的。弗洛伊德能观察到这一现象，并且认识到它对理解与治疗神经质的重要性，证明他的观察力是非常敏锐的。那么，剩下的问题就是如何解释它。

基于本能理论，弗洛伊德只能认为，神经质的完美需求之所以力量巨大，乃是因为本质上它是本能的。他认为，是各类本能衍生物的融合，才造成了这种力量。在弗洛伊德看来，它是受虐欲、破坏欲，以及自恋的混合体，而且还是俄狄浦斯情结的残存物，它代表了某种具体的父母形象，它的禁令不容违背。关于它们的可能性，在这里我不予讨论，因为在前面的几章里我已证明，它们所涉及的理论是令人质疑的。这里我只说明一点,无论是“超我”

概念，还是“力比多”理论和死亡本能理论，它们都是从一个娘胎里诞生的，若是接受了后两者，就等于也必须接受前者的观点。

我们不妨回忆一下弗洛伊德对这个问题的论述，他对“超我”的主要观点是，它是一个具有禁令形象的内部机构。它就像一个秘密警察局，任何被禁止的冲动倾向，尤其是攻击性的倾向，它都能敏锐地觉察到，一旦它们出现，它就狠狠地惩罚个人。弗洛伊德还认为，它肯定被赋予了某种破坏力，该结论的依据是“超我”貌似激起了焦虑和自责。因此，神经质的完美需求就被认为是“超我”的专制力量所导致。个人无论是否自愿，为了达到“超我”的要求，避免被惩罚，就必须让自己完美。我们把这个观点说得更明确一些。自我理想与强迫性的自我约束，关于它们两者间的关系的一般性看法，弗洛伊德都是明确反对的。一般性的看法认为，是现有道德目标决定了自我约束，但是弗洛伊德的看法认为，道德目标是由虐待狂倾向所导致的。“对于这种情境的解释，一般正好与它的表现是相反的：自我理想准则的建立，好像正是为了压制攻击性的动机。[①]”因此，个人指向自己的虐待狂冲动，从本应发泄到他人身上的虐待狂冲动中汲取了力量；他不去憎恨别人，谴责或攻击别人，而是把这些矛头都对准了自己。

弗洛伊德为证明这些论点，出示了两种观察结果。其一，沉溺于完美需求的人，往往把自己折磨得异常痛苦。形象地说，他们用“缰绳”把自己勒得窒息。其二，用弗洛伊德的话来说，“人越是约束自己的攻击性倾向，就变得越暴虐，换言之，是他的自我

---

① 参阅西格蒙德·弗洛伊德《自我与本我》(1935)。

理想助长了他的攻击性。[1]”

第一种观察没有毛病可挑，但是它或许可以用其他的原理来解释。至于第二种观察，则令人质疑。的确，这一类人看起来很豪爽，却从来不允许自己享受，他们一面紧张地遏制着自己，让自己不去批评或伤害别人，一面又用自我谴责来惩罚自己。但是这类观察除了不具有普遍性之外，还允许有其他的解释。它有很多自相矛盾的地方，比如，事实上还有这一类神经质患者，他们不光对自己苛刻，对别人也苛刻，表现并无二致。他们轻视自己，也鄙视别人；喜欢谴责自己，也喜欢指责别人。还有，对于那些五花八门的残酷现象又当如何解释呢？比如以道德名义、宗教名义等实施的残酷行为。

既然神经质的完美需求并不是由禁忌的力量所导致的，那么真相又是什么呢？虽然弗洛伊德的解释令人怀疑，但是却提供了一条具有启发性的线索，只是这些解释没有将它表达出来：追求完美并非出于真诚愿望。用一个通俗的比喻就是，这种追求“目的不纯”。亚历山大对此有专门的阐述，他说，神经质式的道德目标追求，仅仅只是形式上的，因此它具有表面诚恳实际虚假这一特征[2]。

那些被完美追求所奴役的人，只不过是故作姿态，假装有令人

---

① 同上。

② 参阅弗朗兹·亚历山大《对完美主义者的精神分析》(1935)。

赞赏的美德罢了[1]。真正想充实自己的人，会在看到自身的桎梏之后，非常愿意去探索障碍的根源，以便最终能克服它。比如，假如他觉察自己总发无名之火，他就应该先控制自己的脾气，要是这样还是不能解决问题，他就应该尽全力去探究，自己的人格中有什么倾向让他易怒，并且尽可能地改变它们。与此相比，神经质患者的表现则截然相反。他首先做的，要么是压制自己不动怒，要么是给自己的动怒找理由，要是这些办法都失效，他就会毫不心软地谴责自己的这种态度，并且想尽一切办法去控制它。如果控制失败，他就会责怪自己没有自控力。但是，他努力到这一步后就不会再向前继续了，也不会去想，之所以动怒可能是因为存在某种问题。如此一来,这个游戏就一成不变地无休止地循环下去。

分析会令他认识到极不情愿看到的一点，自己的努力徒劳无功。当分析者告诉他说，动怒只是从深处浮出水面的水泡，他可能会很理智地接受，并表现得彬彬有礼。但是，一旦分析者碰触到他更深层的问题，他就会做出复杂的反应，既有焦虑，又有愤怒，不久后又会机敏地与分析者辩驳，就算不能证明分析者绝对错了，

① 有一个非常著名的例子。保罗为了说明形式上履行法令与发乎诚心履行法令的区别，在第一封写给科林斯人的信中说："尽管我用天使与人类对话的口吻讲话，且不带一丝宽容，如同嘹亮高亢的铜管乐器，或者铿锵有力的铙钹，但是我是微不足道的；尽管我有预测未来的神秘能力，能够知晓所有隐秘，知道天底下发生的一切事，但是我仍是微不足道的；尽管所有的人都忠诚于我，而那忠诚撼天动地，威严无比，可我还是微不足道的。就算我把所有的钱财拿出来救济贫困之人，甚至不惜燃烧自己的身躯,不给自己任何宽容,可我依然没有任何收获。"（《圣经·新约》中"保罗致科林斯人的第一封信"，第十三章1—3节。）

至少也要证明分析者是在夸大事实。然后，他可能会再次因为没有控制动怒而谴责自己。无论分析者多么小心谨慎，只要触及更深层次的问题，这种反应就可能一而再再而三地出现。

这一类人非但不会深入探索自身障碍的根因，并以此做出改变，还会竭力地反对这样做。他们讨厌被分析，若不是因为病情真的很严重，比如恐惧、疑虑、焦虑等，他们绝不会求助于分析者，无论性格障碍有多严重。即便他们来寻求治疗，也是希望在不触动人格的前提下让这些病症消失。

从上述观察中可以看出，这一类人并不像弗洛伊德所认为的受驱于“尽善尽美”的需求，而是被表面完美需求所驱使。那么这种“表面”又是做给谁看的呢？首先是他自己，第一印象是留给自己的，必须自己先认为是对的。也许他确实谴责自己的不足，无论别人有没有发现这些不足，他不愿受到别人的支配，最起码表面上如此。弗洛伊德正是由于这种印象才产生了这样的观念：“超我”虽然是心灵深处的、在道德禁忌下表现出的独立自我，但是起初却是起源于童年时期的爱恨和恐惧。

确实，完美主义者表现出了明显的独立倾向，这与受虐狂倾向突出的人相比尤其显著。但是这种独立具有很大的欺骗性，因为它的力量并非来自内部，而是由反抗衍生出的。事实上他们对别人的依赖非常严重，只是换了一种具有个人色彩的特别方式。他们的想法、举动，乃至情感都被别人寄予的期望所遥控，不管他们对这些期望做出的反应是顺从的还是反抗的。他们尤其依赖别人对自己的看法。这种依赖依然具有个人色彩，在他们看来，最重要的事情就是让别人看到自己从来不会有错。但是，由于他们的“一贯正确”总是被人质疑,所以任何异议都会令他们感到不安。所以说，他们努力呈现的正确形象，不过是为了求取别人恩宠的一种讨好，或者为了满足个人利益的一种伪装。接下来我们就谈谈表面完美需求。这种需求简单地表现为，让自己觉得完美，同时让别人也觉得完美，但都是表面化的。

装腔作势这一特点在强迫性的完美需求中更为显著，这种需求不涉及道德问题，只与个人的以自我为中心的意志有关。比如，他要求自己必须全知全能，在当代的知识分子中也经常能看到这种现象。当他遇到某个回答不上来的问题时，他会尽一切努力假装自己知道，或者故弄玄虚，玩一些科学术语、方法、理论等把戏,其实就算他承认不知道,也不会对他的学术威望产生什么影响。如果我们揭示出他的这种努力只是为了维护“向来正确”的假象，那么“超我”概念就有了本质上的变化，它就不再是“自我”内部的一个特殊机构了，与道德完美丝毫无关，而只是个人的某种特殊需求，所表达的内容其实是神经质式的表面完美需求。

其实，生活在社会上，几乎每个人都会为名誉问题而执着，在某种程度上，没有人能不受环境准则的左右，没有人不渴望他人的尊敬。[1]但是,这种执着放在我们所考虑的这类人身上,夸张点说,就像是他的全部就只剩下了一张脸。除了迎合别人的期望与准则,做好分内事外，其他一切包括他的想法、爱好、重视的或厌憎的

① 另外，W. 詹姆斯指出每个人都具有一个“社会自我”，而 C.G. 荣格则称其为“面具”，强调的都是这个事实。

东西等，都统统不重要了。

这种彰显自己完美形象的冲动，可能与特定文化所偏重的东西有关，比如干净整齐，认真专一，注重时间和效率，慷慨无私，头脑冷静，心胸宽广，有才华，高成就等。至于特定个人强调的完美，则由许多因素所决定，比如他的天赋才能，童年时烙印在心中的好人或好品质，儿时给予他苦痛并让他为之向上的艰苦环境，能够成为杰出人士的可能性，必须以完美形象来保护自己的焦虑等。

这种苛刻的、必须让自己表面完美的需求，我们当如何理解呢？

弗洛伊德提供了一条关于它的起源的线索，大致是说，这种倾向来自于他的童年，与父母的条规禁令，以及他内心压抑着的对禁令的仇恨有关[①]。然而，把“超我”的禁忌视为童年期父母施加的禁忌的残留，是不是太简单了一些呢？真正能够解释其起因的，应该是整体环境的综合作用，而不是童年时的某一孤立特征，这与其他神经质倾向的解释一样。完美主义倾向与自恋倾向的发生基础其实是相同的，我们在讨论自恋问题时已经讨论过它，因此这里只挑重要的简单复述一下即可。由于成长环境的不利，儿童觉得周围的一切都令人沮丧。他的自我人格没有发育完善，只是迫于无奈一味地迎合父母的期望，他的自主能力逐渐丢失，愿望、目标、判断力也越来越弱。另外，他对别人有一种畏惧感，情不自禁地想要疏远他们。在前面我们提到过，自恋倾向、受虐倾向，以及完美主义倾向可能就是为了摆脱这种不幸而产生的。

---

① 最先看到后者联系的是梅兰尼·克莱因。

完美主义倾向突出的患者，其童年史每每能让我们看到这样的图景：自以为是的父母用自己不容置疑的权威约束管教自己的孩子。可能这种权威首先指向的就是道德准则，或者是个人专制色彩的教育方式。另外的情况还有，孩子经常受到不公正对待，比如，父母偏爱别的兄弟姐妹，某些过错明显错不在他，最终受责骂的却是他。或许这种不公平的待遇限于一般的程度内，但是它所产生的效应却超出了一般程度，它会令孩子产生憎恨与愤怒，但是又不能表达，因为他不敢肯定收到的就是良性回应，因为实际的父母，与他们所认为从来正确的自己，差别实在太大。

这样的成长环境，导致儿童丧失自身的引力中心，而把它转移到他所惧怕的人身上。这个过程是逐渐发生的，是意识不到的，于是乎，表面上看上去就像儿童真的判定父母从来不会错一样。他对事物的判断标准越来越模糊，最终判断力彻底离他而去，他再也不能分辨好和坏，开心和难过，满意和不满意，喜欢和厌恶。

这样的过程令他意识不到自己是在逃避，是在拿别人的准则当成自己的判断来扮演独立，其中的含义还可以这样解释：我做的一切都是别人认为我该做的，那么我就可以不必担负我的那份责任了，并且也能借此摆脱别人的管束。通过坚持这些外来的准则，个人也可以获得某种意义上的坚强，但是这种坚强仅仅是懦弱的遮羞布罢了，就好比是用紧身胸衣来保护受伤的脊梁一样。这种外来准则也会教他什么是他的需求，什么是对与错，因此在别人眼里他才拥有了一副具有欺骗性的坚强外表。他因为有了这两种收获，所以看上去明显有别于受虐狂，受虐狂依赖他人不会像他这样遮遮掩掩，而且受虐狂的那种软弱，连准则盾牌也是无法掩盖的。

迎合别人的准则或期望，还能令他免遭责备与攻击，于是暂停了与环境的冲突。他的人际关系就被他的这种强迫性内在准则左右着[1]。

最后，对该准则的坚持，给了他一种优越感。这种满足与自我膨胀赋予的满足非常相似，所不同的是，自恋癖者满足于自己的优秀，喜欢被人羡慕的感觉，而追求正确的人突出的是"狠狠地扇别人一耳光"的报复心理，甚至连动不动就生出的负疚感也被当成是一种美德。他们认为内疚是道德感非常敏锐的表现。所以，当分析者指出患者的自责其实很过分时，他就会觉得不以为然，认为自己的品德远胜于分析者，分析者用这种低标准来衡量他，根本就是不懂他的道德境界。这种态度中包含着一种虐待狂式的满足，大多属于无意识，那就是，用自身的优势来打击和刺痛他人。虐待狂冲动的表现，可能仅仅只是一次对他人想法的贬低，一次对他人过错的挖苦，一次对他人缺点的嘲笑。但是这种冲动的核心却是，你们要认识到自己的愚昧、无用、卑鄙，你们应该觉得自己一无是处。这种冲动以慷慨激昂的姿态来打击别人，并证明自己站在了永无过错的高度[2]。他将"比别人品德高尚"来作为鄙视他人的资本，并将父母曾经带给他的创伤转嫁给别人。尼采在《天

---

① 参阅奥纳斯特·琼斯《爱与道德：性格类型研究》，载于《国际精神分析杂志》(1937)。

② 请与保罗·文森特·卡罗尔的戏剧《阴影与物质》中的准则角色参照对比。

亮》中将这种道德优越感描绘得淋漓尽致，它的标题就是《美德原是文雅的残酷》：

“有一种道德，因为完全建立在对盛名的追逐之上，因此我们给予它的并不是好评。然而，这究竟是一股什么样的冲动？我们确实值得这样一问。它的内在含义又是什么？我们借用一副外壳，激发邻里的嫉妒，令他们感到哀伤，令他们觉得自己无能和堕落；我们将自己的蜜汁竭尽全力地滴到他的舌尖上，让他品尝到命运的苦涩，我们一面赐予他这种虚假的恩惠，一面又以胜利者的咄咄逼人的目光俯视着他。

“看看他吧，这个人现在变得谦恭了，而且在谦恭的衬托之下简直完美无缺，他将利用谦恭来寻觅，寻觅一些能够供他长期折磨的人，我相信，他肯定能够找到的！另有一种人，人们对他钦佩不已，因为他十分疼爱动物——然而，他对某些人蓄谋已久的残酷，正是借用这种手段得到发泄的。再看那位伟大的艺术家吧，他心里正幻想着对手被击败后妒恨发狂的模样，他的心里甚至笑出声来，在他变成一个伟人之前，他绝不容许自己的力量偷懒——在他的期许中，要有多少别人的痛苦才足以证明他的伟大？修女，她用自己的贞洁来审判另一种生活的妇女们，睥睨着她们的面庞！那是一种什么样的目光，似乎闪烁着复仇的快感啊！这个并不算长的题目，有无数种变化的可

> 能，所以它不会那么容易变得枯燥乏味——因为信誓旦旦的，对崇高美德的追求，原来只是对文雅的残酷爱不释手，一面向往着它的新奇，一面又期待着它的痛苦，好不荒谬！”

滋生这种击败他人的报复性冲动的因素有很多。对他们来说，从人际关系或工作中获得满足感多半是不可能的，因为爱与工作都是他们极不情愿接受的一种强制性责任。他们有很多理由去憎恨，因为自发地对他人的积极情感阻塞了。但是，总易产生虐待狂冲动有一个特定原因：他感到自己的生命不属于自己，必须每时每刻地遵从他人的期望。他没有意识到，把自己的愿望和准则交给别人主宰的正是他自己，也因此他才会在职责的压力下感到窒息。于是乎，他只有一种办法来实现战胜别人的愿望，那就是表现得比别人更正直，以美德取胜。

这种针对他人期望的反抗，狡猾地藏在了不让人看见的镜子背面。任何被认为该做的事情，该感觉的情感，都能激起他的反抗。但是也有少数的反例，有个别活动不属于这一行列，比如吃糖果，或者读侦探小说等。或许，只有在做这些事情时，他才不会带反抗情绪，但是除此之外，他可能不知不觉地就抗拒那些别人期望他做的事情，最常见的方式就是懈怠和懒散。假若一个人的动力不是来源于他自身，假若他的行动和情感都必须依循既定的轨辙，假若他的自由不属于自己——无论他有没有意识到——他的任何活动，乃至整个人都会了无生气，毫无吸引力。

潜意识抗拒外来期望有非常重大的实际意义，因此我们将它的特殊后果“工作压抑感”单独拿出来讨论。一项工作，哪怕是自愿开始的，但是随着时间的推移，它都会变成一项不得不做的职责，以至于让人生出消极、抗拒的工作情绪。于是，它会令人陷入一种矛盾，一边想快点把它做好，一边又迟迟不想动手。分别处于两头的种种因素，会让这种冲突有不同的结果。有时候懒惰多一些，有时候懒惰少一些，还有的时候索性不做。在同一人身上紧张和懒散不断地交替出现，工作也变得更加苦闷、艰难。而且，越是日常性质的琐碎工作，反而越紧张，因为要求自己每做一项工作都必须尽善尽美，倘若这时再犯了过错，焦虑就会应运而生。然后，他就会寻找各种借口放弃这项工作，或者把工作任务推给别人。

在治疗过程中，这种同时存在顺从与反抗的情况，也是其困难之一。分析者期望患者能将他的想法与情感毫不隐瞒地说出来，期望他能了解他自己，并且最终改变某种现状。但是，患者却施展各种力所能及的手段来反抗这一个环节。这种类型的患者表面上看上去似乎很顺从，但是暗地里却总希望分析者的努力一败涂地。

这种结构的困难可能引发两种焦虑，其中一种弗洛伊德已经阐述过，称其为对“超我”的惩罚力量的恐惧。简而言之，这种焦虑是因为犯错、意识到缺陷，或者预见到失败而产生的。

依照我的理解，这种焦虑的产生就是表里不一太过严重造成的。它所指向的恐惧，主要就是害怕被揭下假面具。这种恐惧虽然可以依附在某一特殊事物上，比如手淫，但是神经质患者哪怕片刻也不能暂忘这种恐惧，他害怕被人揭去面具，于是更害怕那一天突然来临，让自己的骗子形象暴露于世人面前；或者，他怕不知哪一天，别人发现他并非真的慷慨无私，而是自私自利、以自我为中心的一个人；再或者，他害怕被人发现他对工作的兴趣是假的，真正的兴趣是只是盛名。这种恐惧表现在自恃聪明的人身上，害怕就会指向共同讨论，因为在共同讨论的时候别人可能会提出相反的见解，也可能提出他不能马上回答或辩驳的问题，这样一来，"全知全能"的形象就毁于一旦了。对他来说，最好有很多朋友喜欢他，但绝对不要太亲密，因为那样可能令别人对他渐渐失望；最好老板十分器重他，并派给他十分重要的任务，但他绝对不能接受，因为他知道自己其实根本没有这样的才能。

这一类人之所以怀疑并害怕分析，主要就是因为害怕自己的伪装被揭穿，尽管他一直认为这些都是真实的，并没有意识到是伪装。他被焦虑层层包围，恐惧总是毫无预兆地来袭，它可能示他以真面目，也可能伪装成一阵再普通不过的羞怯，还可能无所顾忌地直扑而来。这种害怕被揭去面具的恐惧，无形中令他制造出了更多的痛苦。比如，他痛苦地感受到自己不被别人需要。放在这里，这种感受就成了"没有人喜欢我现在的样子"。它是造成孤独与清高自傲的罪魁祸首之一。

害怕被揭穿面具的恐惧非常之大，因为表面完美需求的背后还隐藏着虐待狂冲动。如果个人自视完美，并且把它当作嘲笑他人的资本，那么自身犯错就意味着有招来外人的鄙视、嘲笑和羞辱的危险。

这个结构当中还包含着另一种焦虑。当个人意识到自己具有某种意愿，或正在追求某种意愿，但是这些意愿又与教育、健康、无私奉献等毫无关系时，这种焦虑就会浮出水面。例如，一个妇女总是过分地要求自己必须低调，当她去某个高档的宾馆住宿时，她就会感到格外焦虑，但是如果去别的地方，她又害怕亲朋好友们把她视作傻瓜。针对同一个患者，分析是否触碰到她在生活中的自我苛求的问题，她所表现出的焦虑是明显不同的。

关于这种焦虑的解释，有如下两种方式。

第一种，可以把谦逊低调看成是贪心不足的反向作用。因为害怕自己不能控制贪婪，所以即便是合法的愿望也因为这种恐惧而滋生出焦虑。但是这种解释并不让人信服。这些患者固然有贪婪的行为，但是我认为，因为患者的诸多愿望受压抑，他们才会生出这种贪婪。

第二种，可以把因自觉愿望“自私”而产生的焦虑，解释为害怕面具被揭穿的恐惧。这种解释虽然大致正确，但是我觉得还少了一些东西，那就是，这种愿望对于患者来说根本就是“奢侈品”，他没有能力自由自在地拥有自己的愿望。

为了能更深入地了解这种焦虑，我从自己的设想角度来看待这种结构。分析的时候，这类患者往往会这样认为：这种行为是分析者期望我做的，如果我不肯做，他就会想方设法地揭我的老底。这种倾向通常被说成是“超我”对分析者的投影。顺理成章地，接下来分析者就会告诉患者，是他把自己的要求投射到了分析者身上。依照我的经验，这样来解释远远不够。患者不光投射了他的要求，而且他觉得分析者应该成为他的掌舵者。他自己已经失去了辨别航向的能力，只能依靠条条框框的规矩，如果感觉不到规矩，他就感到迷茫。所以，他不光是害怕被人揭穿老底，还特别依赖他人的期望，以及各种外来的规矩，没有这些的话，他就会感到不知所措。

在一次治疗中，当我说服一位患者，想让他相信我所做的并非让他为了分析而牺牲，而是让他清楚他自己处于一种因某种原因建立起的假象中时，他竟然特别生气，并且对我说，应该印一些传单分发给患者，告诉大家在分析时应该怎么做。我们对此的判断是，他丧失了自主性（这是梦给予的启示），以及自己的意愿，他不能做他自己。尽管做真正的自己对他来说很有诱惑力，生命中最珍贵的就是它，但是第二天晚上他却做了一个充满焦虑的梦，梦中，洪水暴发，他的档案记录眼看就要被冲毁。在梦中他所担心的竟然只是档案，而不是他自己。对他来说，可能档案就是他的完美形象的象征，因此档案必须做得毫无破绽，新颖生动。该梦有着这样的含义：如果我做回我自己，继而任由我的情感（洪水）恣意泛滥，那么它就会威胁到我的完美形象。

就像患者一样，很多时候我们都会天真地认为，能做自己应该是一件让人梦寐以求的事情。“做自己”真的非常珍贵。但是，假若一个人迄今所有的安全感都建立在一个“虚假自我”的基础上，那么当他发现揭开那层伪装之后里面还有另一个自己时，他将会是什么样的反应？一个人不可能既是提线木偶，又是向往自然的雅士。他若想找回自己的引力中心，并唤醒当中的安全感，唯有先克服由表里不一带来的焦虑才有可能。

此处提出的观点从侧面展现了压抑的原动力。这个观点同时涉及了压抑力量与受压抑的因素。弗洛伊德认为，导致压抑的力量，除了有对人的直接恐惧外,还有对“超我”的恐惧。但是在我看来，这种对压抑因素的看法实在太狭隘。无论是某种内驱力，还是某种情感或需求，都有可能被压抑，原因是它威胁到了另一个，而这一个对个人来说又至关重要。破坏性理想也可能受到压抑，只要他要求自己必须保持无私形象的话。然而,由于安全原则的缘故，个人不得不以受虐狂的方式来依赖别人，这或许又是破坏性理想被压抑的另一个原因。无论怎样理解“超我”，它必然与压抑的产生有关系，但是在我看来，有许多重要因素能造成压抑，而“超我”只是其中之一而已[①]。

“超我”的力量还能令“超我”本身受到压抑，弗洛伊德认为自我破坏本能应为其负主要责任。我认为，令“超我”受抑，就如同为了反抗潜在焦虑而筑成的坚固堡垒。这就意味着，它会像其他神经质倾向一样，需要不断地进行防护，哪怕付出更惨重的代价。

弗洛伊德认为，本能内驱力之所以屈服于“超我”的压抑，正是因为它当中含有反社会的特性。为了使表达清晰，我不惜用一些朴素的道德字眼——弗洛伊德的观点是，被压抑的正是人身上邪恶、腐朽的东西。必须承认，弗洛伊德的这一发现非常有意义。但是，我这里要提出一个比较灵活一些的观点：哪些东西会受到压

① 参阅弗朗兹·亚历山大的一篇有着重要意义的论文《结构冲突与本能冲突的关系》，载于《精神分析季刊》(1933)。

抑，这取决于个人不得不扮演的形象；若是不符合这一形象，必然会受到压抑。例如，一个人可能肆无忌惮地沉溺于某些污秽不堪的想法或行为中，比如希望所有那些不顺眼的人都死去，但是很可能，某些出于个人利益的愿望却被压抑了。可惜，我提出的不同看法并无太大的实践意义。展显出的形象大体来说一定与普世道德认为“真善美”的东西相匹配，而代替形象受压抑的，大致来说就与那些被认为“假恶丑”的东西相匹配。

然而，还有一个差异更为重要，它涉及了受压抑的因素。简言之，为保护形象，须压抑某些不好的、自私的、反社会的、“本能”的内驱力，但是压抑它们的同时，也导致了人性中最有价值、最具活力的因素也被压抑了，比如自主意愿、自发情感、独立判断等。弗洛伊德虽然看到了这个事实，但是却忽视了它的重要性。比如他看到了人们在压抑贪婪的时候同时也压抑了合法意愿，但是在解释该现象的时候却说：我们没办法去细究压抑的范围，本来旨在压抑贪婪,可是随之不见的还有合法的意愿。这确实可能发生。而且，还存在压抑好品质的现象，只因为它们危及了努力营造的形象，所以必须被压抑。

概而言之，神经质患者的表面完美需求，会导致对两种目标的压抑：一、任何与所营造的形象不符的东西；二、任何不可能维护该形象的东西。

通过观察表面完美需求给人们带来的痛苦，我们不难理解为什么弗洛伊德认为“超我”本质上是一个反抗“自我”的机构。但是，我认为侵犯自我的行为根本就是不可避免的，只要个人感到自己必须永不犯错。

在弗洛伊德的心目中，“超我”等同于道德规范，尤其是内在的道德禁忌。从这点出发，他觉得有资格下结论说：“超我”本质上与普世价值观的良知与理想是一致的，仅仅是更为苛刻而已。在他看来，两者在本质上是一样的，都是对“自我”的残酷打压[①]。

关于朴素的道德准则与神经质的表面完美需求，除了我所讲的那些不同解释外，还有一些相同之处。或许，很多人用道德外衣取代了道德准则，但是我们不能因此就断言，说道德准则大体都是这样，那就言过其实了。理想，撇开那些纠缠不清的哲学定义，可以这样来诠释它，理想代表的是，个人认为对自己有价值的情感、必须践行的行为准则。它们没有同自我异化分离，依然是自我不可分割的一部分。“超我”只是表面上与它们相似而已。至于表面完美需求，如果说它的内容仅仅是，出于某种偶然，与某一文化认可的道德准则相一致，那它就不太正确。如果它们与该准则不一致，完美追求就无法发挥各种作用了。它们只是模仿了道德准则的“形”，而没有领会精髓，是冒牌货。

虚假的道德目标与理想、道德准则在本质上是决然不同的，它对后者的发展是一种阻碍。我们一直讨论的这类人，因为渴求安全，而承受着恐惧施加的压力，故此采取了自己的准则。但是他们只是形式上遵守这些准则，在连自己也看不清的内心深处，他们实际上是抗拒它们的。比如，总以一种和善的态度为人处世，可是

① “但是，就算是一般意义上的正常道德，也具有严苛、残酷的限制与禁忌特性。”参阅西格蒙德·弗洛伊德《自我与本我》(1935)。

潜意识中却觉得这是一种难以忍受的强迫。只有当他的友善不再具有强迫性色彩后，他才能够判断自己是真的喜欢友善待人，还是假喜欢。

神经质完美需求的确涉及了道德问题，但是它们并不是患者斗争的主要对象，也不是患者假装存在的问题。真正存在的道德问题是，虚伪、自大，以及文雅的残酷。这些东西都与之前讨论过的结构有着千丝万缕的关系。但是，过错不在患者，他们是被迫拥有这些东西的。不过，在分析的时候，患者就不能再逃避了，分析者并没有改善患者道德观的义务，但是有义务让患者不再受它们的折磨，因为正是它们挡住了自己与别人建立良好关系的通道，也正是它们阻碍了患者人格的进一步发展。这一步骤的分析或许会让患者感到特别痛苦与揪心，但是它所带来的效果也是最让人欣慰的部分。威廉·詹姆斯曾说，扔掉面具，就是新生，这是上苍的救赎。通过观察分析情境，放弃伪装似乎远比满足它带来的宽慰要多。

第十四章　神经质内疚感

最开始的时候，人们并没有发现内疚感在神经质中有何重要作用，研究时只把它们与“力比多”冲动联系起来，或者与前生殖器期的幻想或乱伦现象的性质相提并论。唯独马西诺斯基发出不同的声音，认为所有的神经质都是内疚神经质。人们真正开始关注内疚感，是在“超我”概念形成之后的事了，从此才把它当成了一项关键的神经质原动力。事实上，人们所强调的内疚感，尤其是无意识内疚感，与受虐狂概念本身一样，都只是“超我”概念的其他方面。我之所以在此将它们分开讨论，乃是想让那些我认为比较重要的问题得到应有的关注。

在某些情况下，因为内疚感仅仅表达为内疚感，以至于有可能模糊人们的视线，而看不清它的整体情形。它们要么被看成是一般意义上的自责无用，要么被归属于特定的举止、反应或思想等。或者与手淫、乱伦本质的意淫、幻想所爱之人死去的愿望等相提并论。然而，临床经验告诉我们，这些都是较少出现的、比例极小的一部分导致明确内疚感的原因，它们是以直接的方式表达出来的，而更为常见的却是以间接方式表达出来的内疚，这些在神经质中都起了广泛而主导性的作用。接下来，我将挑选一些特别的、重要的、被认为是能够构成内疚感的现象进行讨论。

第一，某些类型的神经质患者，无论大事小事都能让他陷入或明显或隐蔽的自责，比如，品性卑劣、尖酸刻薄、懒惰懈怠、爱说谎、想毁灭所有人、令别人的感情受伤、身体虚弱、未能守时，等等。这种自我谴责通常源于责任感，但是过犹不及，变成了不分青红皂白地对各种不幸事件的责任都大包大揽，事件可以是谋杀一位贵族官员，也可以是患了一场小小的感冒。他生病时，就自责没有爱护身体，没有多穿衣服，没有及时看病，没有提防传染。如果朋友有些时日没有来看望他，他就会左思右想，回忆是否伤害过朋友的感情。如果约会出了差错，他就把过错揽到自己身上，暗怪自己没有听仔细。

甚至有时候，他自责的内容还包含本来应该这样说，本来应该这样做，本来不应该忘了这么做，不该做得太过分，以至于辗转难眠或者不能进行其他活动。他所沉思的事情甚至不可理喻：他可能会浪费好几个小时去仔细回忆自己说过的话，对方说过的话，自己的话有什么影响，自己本来应该说些什么；他有没有关掉煤气，会不会因为忘了关而伤害到别人；自己本来应该将人行道上的那块橘子皮捡起来，也不知道会不会有人因为踩到它而摔倒……

照我估计，我们通常能够设想出的自我谴责，仅仅只是真实出现的一个零头，因为它们很可能藏身于了解自身动机的愿望背后，在这种情况下，神经质患者只会表现出“分析”自己的样子，而万万不会让自我谴责公然露头。例如，他可能会去印证，是否尚未开始做某件足以证明自己有吸引力的事情；那种伤害别人的话，自己是不是从来没有说过；自己不参加任何工作，是否不完全是偷懒。有时候，我们很难明辨它们，到底是出于想要改变自我的愿望而真诚质问自己，还是只是一种为适应精神分析法而投机取巧的自我谴责。

另一组现象同样能证明内疚感的存在，它表现为对他人的异议极度敏感，或者害怕别人发现自己的存在。这种担心，往往表现在那些害怕别人因与他过多交往而对他失望的患者身上。分析的时候，这类患者会保留重要的信息，他们将分析过程与法庭上对犯罪嫌疑人的审讯联想在了一起，所以从一进门就没有放下过戒备，却又不知道在戒备着什么，怕被发觉的是什么。为了避免或免疫可能的斥责，他们会如履薄冰似的严格遵循各种律令，并且不让自己犯任何错误。

最后说的这种神经质患者，好像偏偏喜欢招惹是非。他们的行为总是带有寻衅的意味，以至于经常遭到虐待。闯祸可能对于他们来说是必修课，生病、丢钱这种事也是家常便饭，更关键的是，发生这些事比不发生这些事更令他们觉得平常、易接受。这类现象也被认为是内疚感的表现，说得更准确些，这是通过受难来自赎的一种方式。

以上这些倾向中都存在内疚感——似乎这个结论无可挑剔，自我谴责好像是比较直接的表达内疚感的方式；而对责备过分敏感，对动机表示质疑，通常只是为了掩盖过错（女仆偷了东西，若有人不经意地问起这件东西，她就会把这无指向的问题当成是对方在怀疑自己的诚实）；迄今为止，有错就要受罚的原则依然被沿用——这样看来，好像神经质患者真的比平常人更具内疚感。

可是这样的假设却引出一个问题，神经质患者为什么会这样内疚？毕竟，他们的表现并不一定比别人坏。弗洛伊德将这个答案放在了“超我”概念中，说神经质患者虽然不一定比别人坏，可是因为他具有完美道德追求的“超我”，所以更容易感到内疚。弗洛伊德将内疚感归结为“超我”与“自我”之间的张力的结果。可是，如果这样的话，另一个难题便摆在眼前，某些患者愿意接受关于他们内疚感的建议，但另外一部分人却不接受[①]。对此，无意识内疚感理论或许能够给予解释：饱受无意识内疚感煎熬的患者可能根本不知自己有内疚感；他们的补偿方式就是痛苦和神经质。他们宁肯保持病状来麻痹对“超我”的恐惧，也不愿意承认自己感到内疚，以及为什么会内疚。

内疚感的确有可能被压抑，但是如果把众多情感的诞生都归咎于无意识内疚感的存在，显然是有失偏颇的。无意识内疚感理论并没有谈及这种情感的具体内容，它为什么存在，什么时候存在，以什么方式存在，全都没有交代。它仅仅是通过偶然现象来断定他必然意识不到内疚感，以间接的证据来盖棺定论，这一缺乏证据的理论在分析中没有任何治疗价值。

---

① “对于患者来说，这种内疚感无声无息，它不会让患者知晓它的存在；患者能够感觉到自己有病，却感觉不到有内疚。这种内疚感的表现方式仅仅是阻挠患者痊愈，所以想要克服它并不容易。并且，我们也很难让患者相信，他的症状之所以未得到改善，就是因为背后潜藏着这种动机；他更加容易相信分析不能治疗他的疾病。”［参阅西格蒙德·弗洛伊德《自我与本我》(1935)。］

与其他问题一样，想要弄清这个问题，我们就必须先对这一术语的含义达成共识，而不急于用作他途。在精神分析文献中，有的时候内疚感的意义被等同于惩罚需求，有的时候又被用来指代无意识内疚的反应。现在连平常语言中也非常频繁地使用这个专业术语，而且词义相当宽泛，所以许多时候不禁会想，当一个人说他感到内疚时，他是真的感到内疚吗？

“真感到内疚”是什么意思？我觉得，无论何种情境下，内疚感都是由于意识到了自己的某种行为，违反了所处文化氛围中正在起作用的道德要求或禁忌而感到的一种痛苦。可是，即便身处同样的准则氛围中，一个人因为没有给予朋友急需的帮助而感到内疚，或者因为发生了婚外情而感到内疚，但是另一个同样作为的人却可能并不会感到内疚。所以，我们还需进行必要的补充，内疚感当中的痛苦意识，必然碰触到了他所违反的那种自己所认定的准则。

内疚感可能是一种确凿的感觉，也可能不是。判断它是否确凿的一个重要依据就是，看之后他是否有弥补、挽回的愿望，或者真挚地希望做得更好的愿望。一般说来，是否存在这种愿望，一是取决于违反准则是否意味着能得到好处，二是取决于该准则于他而言的重要程度。这些考虑并非无的放矢，不管所犯的过错是一种行为或情感，还是一种实际冲动或幻想，都百验不爽。

神经质患者当然可能有内疚感，他的准则亦包含有真实的因素，就这一点来说，实际的或想象的违反行为让他做出的反应可能就是一种真实的内疚感。但是，他的准则最起码有一部分是假象，包含着另外的企图，关于这一点我们有目共睹。它们是虚构出的，出于这一点，违反一个虚假的准则后，他所表现出的反应会与内疚感有关吗？按照前面的界定，该反应不过是一种伪装罢了。所以说，若因为违背了“超我”的严格道德要求，就认为一定会产生确凿的内疚感，显然是不严谨的。同样地，若是因为抓住了内疚感的一点儿表象就妄下结论，说根源就是真正的内疚感，这是何等的草率。

既然我们拒绝了这种观点，即所有的神经质现象都根源于无意识内疚感，那么我们又如何解释它们的实际内容和意义呢？其实在讨论“超我”概念的时候，我们就暗示出了这个问题的部分方面。不过由于需要把其他方面也补充进来，所以在这里我再重复一下。

但凡与批评相类似的态度，都让他过分敏感，并且怀疑其动机，这主要是缘于表面完美与实际缺陷或缺点之间的落差感。一来他不得不维护完美形象，二来又对它的牢固程度不抱信心，因此必然滋生惧怕和恼怒。此外，与自豪相捆绑的不仅是完美主义的准则，还有企图拥有这些准则的愿望，所以他的自尊心就被虚假的自豪感所取代。先不论他的自豪能否站得住脚，他会因为拥有这些准则而感到高人一等，也会因为这些准则的内容而自觉伟大，因此当他受到批评时，便会觉得这是一种耻辱。在临床治疗中，这个反应具有实践意义，因为并不是所有该类患者都把它表达出来，还有一些患者是压抑或掩盖它的。完美形象对他们来说就意味着理性，因此他们会觉得不应该被分析者的建议所伤害，因为自己来分析的目的很明确，就是听一听分析者的建议。如果分析中不能及时发现这些潜藏的耻辱感，就可能导致分析失败。至于生病或维持病症的倾向，当说到受虐狂现象时我们再一并讨论。

通常情况下，自我谴责的结构非常复杂，它们的含义有很多。谁若坚持要提供一个简单的结论，势必误入歧途。第一，因为外表完美需求具有绝对性，因此必然带来自我谴责。拿两个日常生活中的简单事例来比照一下，或可说明问题。如果出于某种原因，获得一场乒乓球比赛的胜利对一个人来说非常重要，那么他就会因为在比赛时没有发挥好而生自己的气；如果出于某种原因，在面试中给人留下良好印象对他来说非常重要，那么他就会因为忘记提说某项能代表其优势的因素而生自己的气，并且事后也会责备自己，骂自己太傻竟然忘记了这一点。我们将这个观点应用到神经质的自我谴责中。出于各种原因，外表完美需求具有强制色彩。

这一描述同样可以应用于神经质的自我谴责。我们已经认识到，出于各种各样的原因，外表完美需求具有强制性色彩。如若不能维持完美形象，对于神经质患者而言就意味着失败，甚至是危险。因此，他势必会因为某一个步骤而生自己的气，这一步骤可以是思想上的，也可以是情感上的或行动上的，不管是什么，对他来说都代表着维持完美形象失败了。

这一过程被弗洛伊德描述为“转过头来排斥自己”，总体上它暗示着个人敌视自己。可实际上，个人气愤自己只不过是缘于某种特殊原因。他的自责，一般来说无非是因为某一个非常重要甚至是不可或缺的目标受到了危害。这一阐述令我们感觉熟悉，因为他与对神经症焦虑的阐述非常相近，而且，在这种情况下也确实会产生焦虑。自我谴责的出现，是否正是为了对抗已经出现的焦虑，我们或许可以从这样一个角度来思考问题。

自我谴责的第二个含义紧承第一个含义，前面说过，完美主义者非常害怕被别人看到他们的表里不一，因此他们也格外害怕受到批评和责备，从这个角度来看，他们的自我谴责其实是通过率先责备自己来挡住别人的责备，甚至他们不惜苛刻地责备自己，以平息别人的指责，从而获得一种宽慰。实际上，平常人的心理不也是这样吗？比如，小孩子把墨汁弄到了书上，因为害怕挨批评，于是情绪表现得格外低落，希望老师看在这个分儿上能原谅自己，甚至宽慰他几句，像“只是弄了点墨渍而已，没什么大不了的”。对于这个小孩来说，这可能是一种策略。同理，神经质患者的自我谴责也可能是一种策略性的行为，尽管他自己没有意识到有这种目的，但是如果人们只看到他的自我谴责的表面价值，而没有看到深层次的企图，他就会立刻戒备起来；而且无论他本人如何苛责自己，假若受到了他人的批评，哪怕非常轻微，他也会异常恼怒，并且视这种批评为不公平，继而心生怨恨。

通过透析这种情况，我们还可以联想到，逃避责备的策略并非只有自我谴责这么一条，还有反过来的一面，那就是主动进攻。这种策略正应了一句古老的格言：最好的防御就是进攻[①]。这种策略更加直接，因为隐藏在自我谴责表象后的倾向已现出原形，这种倾向就是否认自己存在任何不足。这种防御显然更为有效，不过，

① 我很难理解，为什么安娜·弗洛伊德要把这一简单过程描绘成与攻击者的等同。参阅安娜·弗洛伊德《我与反机械论》(1936)。

惯常使用这种策略的人，多半就是那些不惮攻击别人的神经质患者。

然而，通常情况下，还伴随着害怕责骂别人。事实上，这是引发并助长自我谴责的另一个因素。这一机制的原理是，因为害怕指责别人，于是把指责的矛头对准自己。在神经质当中，这个因素起着不可估量的作用，因为一个神经质患者通常都是一面对别人怀有强烈的不满，一面又非常害怕责备对方。

有很多原因能产生责怪他人的情绪。比如，神经质患者有合理的理由怨恨童年印象中的父母，或者别人。至于当前神经质部分的责怪，则是来自于他的特定性格结构。我们没有办法在这里做出公正的评价，因为这涉及对为何必然产生责备的推断，这就意味着我们要重新审视神经质中各种纠缠的可能性。我们只简单描述一部分原因就足够了：没有意识到，却总是在对他人寄予一个又一个的期望，每当期望落空就会感到受到了不公平待遇；依赖别人的副作用——容易感到被人奴役，并因此生出怨恨；自我膨胀或者表面正直——令他容易感到别人是在误解、小觑、无端批评他；必须维护无过错形象；害怕自己的缺陷被人洞悉，于是用指责别人来掩盖；利他主义只是表面上的——如此，他就容易感到别人的话是一种辱骂，别人的态度是一种强制态度，等等。

压抑对别人的指责情绪，同样有很多听起来比较有说服力的理由。首先，神经质患者惧怕他人。他对别人存在各种各样的依赖，无论是保护、帮助，或者是某个观点。由于他要求自己必须维持理性形象，所以那些无缘无故生出的悲伤便得不到发泄，甚至不会流露一丝。因此，他常常把针对他人的苛责积压在自己心里，最终积蓄出一股威力巨大的能量，随时可能像炸弹一样爆炸。他必须竭尽全力去压制它们，获取一时之安全。正在这时，作为一种能够控制它们的手段，自我谴责便出现了。他强迫自己认为别人没有过错，有过错的是自己①。我认为这就是这一个过程的原动力，而弗洛伊德却把这个过程阐述为，把自己等同于那个想要谴责的人了②。

以自责替代指责他人，这种做法通常是源于这样一个哲理：总得有人为不利事件负责。普遍而言，那些为了维护完美形象而创造了某个庞大机构的人，当灾难临近时都会显得格外焦虑。他们生活在一种没有意识到的恐惧中，就像感到头上悬了一柄随时会掉下来的利剑，他们基本上没有应对生活挫折的能力。然而，他们又不能面对诸如这样的事实：生活就像是一道无法算出结果的数学难题；也像是一场赌博，或者是一次冒险，福祸相依，充满了未知的艰难和危险，也充满了预料不到也不可能预料到的困惑。他们为了宽慰自己，于是死守一个信念：生活是可以预料也可以控制的。他们坚信，如果出了差错，就应有人为差错负责——只有这样想，他们才能避免去感知生活的不可测与不可控，那些认知是如此令人不快与害怕。如果由于某种原因，他们不能指责别人，那么当不利事件发生时，他们就只能指责自己。

---

① 这种阻挡他人批评的需求极其迫切，以至于令自己失去了以批判性眼光评价别人的能力，然而这更加助长了面对别人时的孤立无助感。

② 参阅西格蒙德·弗洛伊德《悲伤与抑郁症》，载于《论文集》(1917) 第四卷。另参阅凯尔·亚伯拉罕《“力比多”发展史初探》(1924)。

我所指出的这些因素，并不能囊括所有的隐藏在显著内疚感背后的问题。例如，出于各种原因产生的轻视自己的倾向，或许容易被认为是从内疚感当中衍生出的自觉无用。我并非要将所有隐藏着的这些原动力都尽数陈列于此，而只是想说明一个问题：那种解释方式并非万能，不足以解释所有的内疚感现象。第一，有可能内疚感是虚假的，并不存在真正的内疚。第二，有些反应，比如恐惧、耻辱感、愤怒、不能指责别人、躲避批评、不利事件必须有人负责等，这些都与内疚感无关，仅仅是因为理论上的先入为主，才导致那样去解释。

有关“超我”和内疚感，我与弗洛伊德存有歧见，因此意味着对治疗方法的见解也有很大差别。弗洛伊德在他的“拒绝治疗反应”理论中[①]提出，无意识内疚感在某些严重精神病的治疗当中是一种极大的障碍，而我则认为，因为患者强迫自己表面完美，这面难以攻破的盾牌让他无法真正洞悉自己的问题。接受分析治疗，对他来说如同最后的呼救声，可他内心里却又坚信自己毫无问题。任何质疑他动机，或表明他存在问题的解释，都会令他痛恨无比。我们最多让他“理性地”接受这类解释，但是他太想表明自己完美无缺了，以至于不得不否认任何一种缺陷，以及身上存在的任何问题。神经质的自我谴责把实际上的弱点统统掩盖起来，他通过这种手段让自己感到很镇定，仿佛自己真正拥有这种能力一样。

① 参阅西格蒙德·弗洛伊德《精神分析新导论》(1933)；《受虐狂之经济》[载于《论文集》(1924) 第二卷]；《超越快乐原则》(1920)；《自我与本我》(1935)。

实际上，它们只是麻痹了他，不让他去面对真实存在的缺陷。它们很匆忙地就向现存目标俯首称臣。它们只是他获得安慰的手段，让他相信自己并不坏，且越是良心不安就越表明自己比别人善良。它们被用来保护他的颜面，但是如果他真正想要改变自己，并且看到这种可能，他就不应该把时间浪费在自我谴责上，最起码，只要他不再感到指责，他就能够从积极的角度来理解自己，并且改变自己了。但是神经质患者只知道责备自己，除此之外什么都不去做。

所以，分析者首要的任务就是，指出他对自己的要求根本毫无道理，然后再让他认识到自己的目标与成就全都不过是表面工程，没有实质内涵。必须将他的外表完美与实际倾向揭示出来，让他看清中间的悬殊。他必须认识到，自己对完美的苛求是一种病症，而这些需求所带来的后果，也必须认真研究。分析者询问他，想要从他的身上发现某些东西时，他所做出的反应也必须加以分析。他必须理解这些需求所起的作用，以及造成或维持某项需求的因素。最后，他必须看清所涉及的真正的道德问题。这一方法比目前通用的方法难度更大，但是，它所带来的观点却比弗洛伊德关于治疗可能性的观点更加乐观。

第十五章　受虐狂现象

多数情况下，受虐狂被定义为以受难的方式来获取性欲满足。该定义有三个必要条件:其一，受虐狂在本质上属于一种性欲现象；其二，本质上在于追求满足；其三，本质上它是一种受苦愿望。

有一个大家都非常熟悉的事实可以证明第一点：有的小孩会因为被体罚而引起性兴奋；在受虐狂的怪异行为中，依靠被羞辱、被奴役或者肉体遭受虐待可以获得性欲满足；有受虐狂倾向的人可能因幻想受虐情景而引起手淫。但是，体现性欲本质的受虐狂现象只是极少的一部分而已，同样，我们也拿不出任何资料能表明它起源于性。基于“力比多”理论引出的论点代替了资料，受虐狂性格倾向或态度，被认为是代表了某种受虐狂性欲冲动的转换。比如，一位妇女通过幻想牺牲能够获得满足，虽然无任何明显的性欲本质，但依旧被认为它最终根源于性，是性欲的衍生物。

还有一个假设,它与“道德受虐狂”有关,说“自我”为向“超我”献媚，于是迫不及待地招惹是非，要么品尝失败的滋味，要么用自责来惩罚自己。弗洛伊德认为，“道德受虐狂”现象的根源同样是某种性欲本质。他竭力主张,“超我”代表一种具体化的父母形象，当受难需求可以消除对“超我”的恐惧时，它就代表了一种经过伪装的“自我”妥协于“超我”的性欲受虐狂行为。这些理论全都令人质疑，我觉得，它们基于的假设就是错的。因为前面已经讨论过这些假设了，其论点我们不必再考虑。

尽管别的作者并未过多强调受虐狂现象是一种性欲满足，但是仍然坚持一个前提，那就是，不用满足这个字眼，就不好理解受虐狂行为。该前提是从一个推论上得出的，即如果不可抗拒的某欲求是受虐狂欲求，那么它们就必然受制于最终能带来满足的目标。所以弗朗兹·亚历山大认为，他们的受难愿望不仅是为了逃避对“超我”的恐惧，而且还因为他们相信，受难可以令他们体验到某些被禁止的冲动。弗里茨·维特尔斯说：“受虐狂的人否定自己的一部分价值，以此希望能够在更加重视的另一部分里活得更安全。那些令别人感到痛苦的反而能让他们品尝到快乐。”我自己也提出过一个假设：任何受虐狂欲求，最终目的都是为了获得满足感，换句话说，那些被他特赦的目标，它的所有冲突和限制，都被用来摆脱自我。我们在神经质中发现的受虐狂现象，其实世界各地无处不有，实则它代表的是一种经过病理学文饰的狂欢倾向。

但是还有一个问题，受虐狂现象是否最终真的是由对满足的追求所带来的呢？简单地说，受虐狂是否可以被界定为本质上对自我遗弃的追求呢？尽管有一些病例中这种追求比较明显，但是其他病例中并不尽然。如果想维护这种定义，即受虐狂的本质是赦免某种追求，我们就需要另一个假设来支撑：无论这种追求明显或者不明显，它都在起作用。这一类的假设可以说出一大堆，比如，所有的受虐狂现象必然具有性欲本质——这种假设就是以它们作为基础的。再比如，必然有这样的情况，我们从来没有意识到自己在追求着一种虚幻的满足。可是，在没有佐证资料的前提下就运用这种假设，势必会带来危险。

我认为把受虐狂的本质看作追求满足只是一种先入为主的观念，如果我们摒弃这种先入为主，重新审视受虐狂的问题，可能会取得更大的成果。在接下来的论述中，我将尽力来证明这一观点。事实上，这一假设连弗洛伊德本人都并没有死抱着不放。他曾经主张，是死亡本能与性欲内驱力的结合导致了受虐狂，这种结合能够保护个人免遭自我毁灭。尽管该假设的基石是推测意味很浓的死亡本能理论，并不十分可靠，但是它依旧值得我们注意，因为它引入了一个“保护功能”概念。

关于第三个论点，受虐狂的本质是一种受苦愿望，与当今流行的观点别无二致。这种言论可以为诸如这样的案例做证，比如说，有的人感到不开心，但是如果有东西让他担心，让他感到受苦，不开心就消除了。这个假设在精神病学中还有一个危险，在探讨某些神经质的治疗困难时，并不承认这些困难可能与当前的心理学知识不足有关，而是把它们推到患者想要继续保持病症的愿望上。

前面已经指出，这个论点没有考虑欲求的迫切性可以由减轻焦虑的官能来决定，它的基础就是错误的。接下来我们就会看到，在很大程度上，受虐狂欲求也是一种获取安全感的特殊方式。

“受虐狂”一词用来指代某一特定品质的性格倾向，但是关于这一品质的本质，它没有做任何评说。实际上，受虐狂性格倾向，包含着两大方面的倾向。

其一，倾向于自轻自贱。大多数情况下，个人没有意识到自身存在着这种倾向，只是意识到了它所带来的结果，比如感到自己没有吸引力、渺小、笨、无用，等等。这种受虐狂倾向与我称谓的“自我膨胀”倾向的自恋倾向相比较,算是一种“自我萎缩”倾向。有自恋倾向的人，往往喜欢炫耀自己的优点和能力，而有受虐狂倾向的人则喜欢夸大自己的缺点。自恋的人喜欢觉得任何任务到了他手里都变得轻而易举，完美主义者喜欢觉得任何情况他都有能力应付，而受虐狂者则倾向于说“我不行”这三个字，他的反应就如同陷入了孤立无援的绝境中。自恋者渴望成为众人的焦点，完美主义者因为自己的判断准则而觉得高人一等，因此与他人的往来相对较少，至于受虐狂者，则倾向于蜷缩到一个角落里，不让别人找到他。

其二，倾向于个人依赖。与自恋者、完美主义者的依赖相比，受虐狂对他人的依赖有很大的不同。自恋者因为需要得到他人的关注和嫉妒而依赖别人。完美主义者因为将安全感寄托在符合别人的期望上，所以尽管他看上去很偏执地爱护着留给自己的独立，但实际上依然依赖他人。他不希望自己意识到这一事实，也不愿知道对他人的依赖程度，就像分析时那样，假若有人揭穿真相，他就会感到自己的自尊与安全感受到了打击。这两种依赖都是特定性格结构所造成的，实际上根本没有必要。然而，对于受虐狂者来说，依赖却是一种生存的必需品。他会觉得，倘若没有另外一个人的存在，得不到爱、友谊和关怀，他就像是得不到空气一样无法生存。

为了方便起见，我们把受虐狂所依赖的人——无论是他的父母、兄弟姐妹、配偶、情人、朋友或者医生——统称为“伙伴”[①]。“伙伴”可能不光是某一个人，还可能是某一些人，比如家庭成员或宗教成员等。

受虐狂者否定了自己的独立处事能力，因此期望所有的一切都能从伙伴那里得到，比如爱情、名望、成功、关心、爱护，等等。他的期望具有寄生性，这是他没有意识到的，而且他的期望与他有意识的谦逊完全是两码事。他认为自己对他人的依赖完全有正当理由，而根本不愿认清这一事实：他的伙伴并不是满足他期望的最佳人选，这种关系存在很大的局限性。无论是情感，还是兴趣，都不能寄托他的满足感。一般来说，他对命运的看法大概也是如此，觉得一切都是命中注定的，而自己就是任由命运摆布的可怜人，没有办法挣脱命运的枷锁。

这些基本的受虐狂倾向与自恋倾向、完美主义倾向除了不同之处外，它们还有一个共通点，那就是滋生环境基本相同。简单来说，各种不利影响产生的综合作用，令儿童的主动性、情感、意愿、判断力等发生了扭曲，他感到的世界，是一个充满潜在敌意的世界，为了应对艰苦的生活条件，他需要找到一种妥善的方法来保护自己，于是被我称为神经质倾向的东西就产生了。无论是自我膨胀还是无原则迎合他人，都是神经质倾向之一。我认为当前所讨论

① F. 库恩凯尔明示了相关人对神经质者的重要性，但是他没有特意梳理它与受虐狂的联系，而只把它看成是神经质的普遍特性。E. 弗洛姆却把这种关系称作共生关系，并认为它是受虐狂性格结构中的基本倾向之一。

的受虐狂倾向，是一种更进一步的神经质倾向。通过这种方式获得的安全感对于个人来说都是真实的。比如，完美主义者虽然并不是真正适应了他所面对的环境，但实际上该倾向消除了他与别人的显著冲突，让他拥有一种坚强独立的错觉。那么现在，我们便试图去揭示受虐狂倾向以何种方式提供了安慰。

对于任何人来说，拥有可以依靠的朋友和亲人，都是值得欣慰的。受虐狂者从依赖关系中寻找安慰,原则上并没有超出这个类别。至于它的特殊性，我们不妨对事实进行假设，不难看清它的根源。一个维多利亚时期的女孩，同样在受他人庇护的环境下成长，同样依赖他人，但是她所依赖的世界总体上属于一个十分友好的世界，她用依赖和接纳的态度来对待这个包容、友善、给予她保护的世界，既不会感到痛苦，也不会让冲突愈演愈烈。

然而，在神经质的世界里，让人感到最多的是危险、残酷、不公平和仇恨。在这样一个充满敌意的世界里生存，一方面感到孤独无助，一方面却又不得不依靠它，无疑会让人感到危机重重、不知所措。受虐狂者的应对策略是，争取他人的怜悯，像树袋熊一样赖上去。虽然付出了失去个性的代价，但是通过与伙伴融为一体，他从中获得了某种慰藉。这种寻求宽慰的方式，就好比一个羸弱的国家面临危险，而向某个强大的侵略者俯首称臣寻求保护一样。所不同的是，那个弱小国家知道自己并非因为喜欢那个大国才走出这样一步，而神经质患者却以为自己是出于热爱、忠诚和奉献而走出了这样一步。实际上呢？受虐狂者其实根本没有能力去爱，也没有信心去认为伙伴及他人会爱他。他披着奉献的外衣，内里不过是为了减轻焦虑而对伙伴的无尺度依赖。所以说，这种安全感就像一堵随时会坍塌的墙一样，而他也一直忐忑于被抛弃的恐惧中。若是伙伴展现给他的是友好姿态，他会感到十分宽慰，若是伙伴的注意力转移到其他人身上，或者是工作上，他那永无休止的对于关怀的渴望就得不到满足了，于是伙伴的这些举动，就可能让他觉得自己有被抛弃的危险，从而焦虑重重。

这种安全我们不妨称之为“谦逊安全”，因为它是通过自我贬抑获得的。这里必须再强调一下，通过令自己变得渺小、不受关注或者谦虚，确实可以获得安全，这就好比通过给他人留下良好品质的印象能获得安全一样。这种受庇于谦逊安全的人，行为就如老鼠一般，生怕被猫吃掉，于是待在洞里不愿出来。结果，他们对生活的感受，就变得跟偷乘者一样了，因为自知没有任何权利，而提心吊胆地躲避着所有人的注意。

人们认为，这种态度是由于他死守着某种谦逊行为而导致的，可以从一个事实中看出它的强制性特点来，即一旦他脱离了他人的支配，就会陷入焦虑当中。例如，如果这类人得到一个比之前更为有利的职位，他反而会警惕起来。或者，如果他视自己不堪大用，若是让他在讨论会上公开自己的主张，他就会感到惊恐失措，即便他做出了巨大的贡献，在谈说贡献时他也会感到满怀歉疚。这类人在童年或者青少年时期，往往不敢穿太好看的衣服，他们担心比朋友穿得漂亮，这样的话自己就可能会成为众人的关注焦点。他们不敢想象有人因为自己而受到伤害，更不敢想象有人会喜欢、欣赏他们，即便事实并不是这样，他们还是会坚持认为自己微不足道。事情做得出色便理应受到褒奖，但是他们受到褒奖时却会觉得尴尬，甚至陷入不安；反过来，他们很乐意去贬低它的价值，剥夺自己的成就令他们更有成就感。这种形式的焦虑，在工作压力中也占有一席之地，例如某些创造性的工作，这种工作因为需要坚持自己的观点和情感，因此会令他们感到痛苦，基本上不可能完成工作，除非有人能站在旁边不断地给予鼓励。

"鼠洞"态度出现的频率，似乎与这种态度产生的焦虑出现的频率并不成比例，这是因为机械式的防御焦虑或逃避反应，给他造成了机械式的生活规律。比如，抓不住机会，甚至完全没有留意到机会；找各种借口，只抓住那些能力足够胜任的次等职业不放；本来有权提要求，应该提要求，却不这么认为；对于自己真正喜欢的人，以及乐于帮助他的人坚持逃避原则；即便克服了所有这些困难，终于取得了成功，可是却丝毫不觉得这是成功；无论是想出了一个新主意，还是出色地完成了一项工作，思想上都会迫不及待地贬损它们的价值；尽管他有足够的金钱购买一辆林肯，而且他喜欢的也正是这种车，然而最终他却只会买相对较次的福特。

一般来说，神经质患者不会意识到自己有谦逊的倾向，能够感觉到的通常只是其结果。他可能有意识地防御，也可能知道自己讨厌受关注，知道自己对成功很冷淡，还可能叹息自己软弱渺小、没有吸引力，或者可能知道自己经常有自卑感，但是这些感觉只是他逃避自我主张的结果，而不是原因。

这些代表着软弱、孤独的生活态度的倾向，在现实中司空见惯，可实际上我们并不知道，它们的出现有着其他的原因。精神分析文献对它们这样描述：被动同性恋倾向的结果；内疚感的结果；做回小孩的愿望……所有的这些解释，都只是让问题更加模糊罢了。就拿愿望做回小孩这种理论来说，假设受虐狂倾向确实只是表现为“我想做个小孩子”，再假设他常常梦见自己被抱在母亲的怀里，或者回到母亲的子宫里，但是借此就断言这些现象是由于希望做孩子而造成的，貌似没有多少道理吧？毕竟对于神经质患者来说，当小孩，就等于弱小无助。他之所以采取那样的策略，是因为焦虑的压力逼迫他那样做。难道说梦见自己成了婴儿，就能证明他有做个婴儿的愿望吗？他的梦只是表达了一种渴望被保护，渴望不必自力更生，渴望不承担任何责任的愿望。这些愿望的诱惑力是如此之大，以至于让他生出了孤立无助的感觉。

到目前为止，我们已经看到了受虐狂倾向的部分真容：它是一种对抗生活困境与危险，麻痹焦虑的特殊策略，哪怕所谓危险只是想象出来的。但是这种策略本身就经常起冲突。首先，神经症患者往往会因为自己的软弱而轻视自己。这与文化因素造成的孤独无助与依赖有显著的区别。仍以维多利亚女孩的例子来说明，她虽然满足于依赖，但是这种依赖并不会腐蚀她的幸福感与自信心，相反，在理想的女性品质中，本就包含有某种柔弱的依靠态度。但是对于受虐狂而言，基于不同的文化模式，显然不会崇尚这种态度。而且，他也绝对不会想要孤独无助，虽然它提供了一种达成愿望的有效手段，他想要的也许只是利用这种手段获得的安全感。然而，这么做必然带来一个结果，那就是软弱，这绝对不是他的初衷，就像前面指出的，在一个充满潜在敌意的世界里，软弱就意味着危险。这种危险，再加上别人对他的软弱心理的反感，更令神经症患者鄙夷自己的软弱。

由此看来，软弱会令他循环往复无休止地生发恼怒，但是又无力去发泄，而生活中有无数的原因能够引发这种恼怒。一般而言，因偶然原因生发的愤怒常常不易察觉，便是连引起愤怒的原因也很少被放在心上。可是神经症患者却把它们记得很清楚，例如他没有坚持自己的观点；没有鼓足勇气表达自己的愿望；向本想抗拒的东西屈服了；太晚看清阴险之心；本该态度坚决却反过来道歉妥协；错失了良机；用生病逃避困难，等等。

因为软弱，他不断地吃亏碰壁，也是他盲目崇拜权威的原因之一。那些态度强硬、得势不饶人的人，无论品质如何，都令他们崇拜不已。而且，他对有勇气撒谎或欺骗他人的人的崇拜，与对爱岗敬业、大义无畏的人的敬意，程度深浅是一样的。

这无疑是心灵世界的灾难，而灾难又引发另一个后果，那就是"意淫"的滋生。在幻想中，受虐狂者当着老板或妻子的面直言不讳地说出对他们的看法；在幻想中，他是一个创造历史的风华绝代的有为青年；在幻想中，他是伟大的发明家、伟大的作家……这些幻想虽然的确能够起到一些安慰作用，但是最终却加剧了心中的落差感。

在受虐狂的依赖关系中，他对伙伴其实是充满敌意的。这里我只阐述一下产生敌意的三个主要根源。首先是神经症患者对伙伴寄予的期望。神经症患者自己缺乏活力、勇气和主动性，想要得到什么就暗示性地向伙伴发出期望，诸如关怀、帮助、负责、风险规避、生活开销、荣誉、名望，等等。本质上他是想寄生在伙伴的生活中，尽管他没有意识到也不愿意识到这一点。显然，这些期望不太可能实现，对于拥有自我、维持独立的伙伴来说，是不会满足他这种期望的。如果受虐狂者知道自己对伙伴的要求有多高，那么当他对伙伴失望时，所产生的敌对反应与失望程度的比例就会严重失衡，他会因为所期望的东西没有到手而持久地生闷气。但是他不会把生气摆在台面上，反而会装得如小孩子一般天真、可怜。其实这也是他生气的表现，说白了就是一种未达成目的的不甘心，只是在头脑中把它给扭曲了。本来是因为期望而自私、不体谅，却反过来觉得自己被同伴抛弃、玩弄、羞辱。最终，那完全没有正当理由的生气,变成了对“十恶不赦”的他人的愤慨。

再则，受虐狂者一方面出于安全缘故，固执地奉行“无所谓”信条，另一方面对于别人的哪怕轻微忽视或不恭也都极为敏感，报之以盛怒,仅仅是不发泄出来而已。就算是别人真诚友好地待他，他也无动于衷。一个觉得自己微不足道的人，同样也会笃信别人也觉得他无关紧要。一边依赖他人一边憎恨他人的矛盾冲突，就在这种对待他人的尖刻中逐渐加剧。

第三个滋生敌意的原因隐藏得更为深邃。受虐狂者对于自己与伙伴间的距离十分敏感，不能容忍伙伴的疏远，更别说是分离了，因此实际上他意识到了自己就像个奴隶一样，伙伴提出的任何条件他都不得不接受,他非常痛恨自己的依赖心理,视之为耻辱,因此无论伙伴对他多么体贴，他在内心深处都会不自觉地产生抵抗情绪。他觉得，自己就像落在蜘蛛网上的苍蝇，而伙伴就是主宰他的那只蜘蛛。这种情形我们经常能从婚姻生活中看到，丈夫和妻子出于同样的心态，总抱怨对方的支配令自己无法忍受。

这一部分敌意偶尔可以发泄出来，但是总体来说，受虐狂者对伙伴的敌意，是一种永久难以脱身的危险，因为他既不能没有伙伴，又害怕、疏远伙伴。

如果这种敌意增强，焦虑也就随之产生。反过来，焦虑越多，对伙伴也就越依赖。这样的恶性循环，令他更加难以割舍，更加痛苦不堪。因此，受虐狂者的特定人际关系冲突，归根结底就是依赖伙伴和敌视伙伴这两者的冲突。

前面所讨论的这些基本的受虐狂倾向，必然体现在生活的各个方面。从它们的存在程度来说，这些基本倾向决定了一个人追求愿望的方式，发泄敌意的方式，或者逃避困难的方式。就连对其他的神经症需求的处理方式，也都取决于它们，比如，控制欲需求或者外表完美需求。另外，它们还能影响他的性生活，因为它们能够决定他可得到的满足。接下来我就要讨论这些不同生活领域的具体受虐狂特征，但是我只是选择性讨论一部分，因为该章节的宗旨只是要传递受虐狂现象的基本原理，以及对它的总体印象，而不在于研究受虐狂。

有时候，受虐狂者是能够直接表达愿望的，尽管表达的程度和所需要的条件可能与常人不同。受虐狂者通常用特定的方式来表达他们的愿望，他因为条件不好而生出某种需求，而用何种方式就取决于他觉得要达成这种需求需要给别人留下多么深刻的印象。比如，一个推销保险的人为了让客户购买自己的保险，不谈保险本身的价值所在，而只是一味地说自己急需佣金；一个高超的音乐家求职时不强调自己的技艺水品，而只是强调自己需要赚钱。不客气地说，受虐狂式的表达愿望的特定方式，就像是绝望地呼喊救命，就好像说："我这么可怜，都绝望到了这个地步，你还不帮帮我吗？""如果你不帮我，我就真的没救了。""这个世界上除了你，我再没有可以依靠的人，你一定要看在我可怜的分儿上帮帮我。""这件事我做不来，求求你替我做吧。""我这么命苦都是因为你，我所有的痛苦你都要负责，你必须为我做点什么。"这些潜台词无形中将道德责任强加给了听者。比较清醒的精神病学观察者会发现，患者为了达成自己的某种意愿，会不自觉地夸大痛苦和需求。这种见解确实正确，受虐狂者的典型战略方案正是用一种痛苦无助、可怜兮兮的姿态来索取需求。

但是，会什么千篇一律地总是采用这一种策略呢？毕竟，大量病例显示，这种策略仅在部分时候有用，即便有用也只是暂时有用，他身边的人会逐渐开始讨厌这种恳求，早晚会感到麻木，不再被他的可怜打动。如果受虐狂者加强攻势，或许还可以达到目的，比方说以自杀来要挟，但是威胁也会有失效的一天。所以，他的态度我们不能单单只认为是一种策略。为了理解得更充分，我们需要认识到，在受虐狂的潜意识中，他所处的这个世界是冰冷无情的，没有真正的仁慈，也没有不求回报的慷慨，想要什么东西，只有给别人施加压力才有可能得到。另一面，他基本上认为自己没有权利为自己争取任何东西，所有的愿望都必须有"正当"的理由。在这场灾难中，无论是施加压力，还是为自己的要求寻找正当理由，他都用了同一种筹码，那就是他自己的孤独、无助和可怜。他早已让自己深陷进痛苦和无助的泥潭里，所以主观上他就觉得有权利要求援助。至于如何实现，是用平和的方式，还是用激烈冲突的方式，取决于许多因素，但总体来说，“受虐狂式的呼救”基本上不会有更多花样。

以何种方式表达敌意，一般是由性格决定的，比如完美需求突出的人，大多会用自己的道德优越感或智力优越感，以及向来不会错的姿态去刺痛、伤害别人。而受虐狂式的表达敌意的特定方式，大体上是这样的：受苦、孤立，以殉难者、受害者自居，幻想自己遍体鳞伤——用人类学的术语来说——恨不得自杀在伤害者的门槛上。他会用残酷的幻想来发泄敌意，比如梦见冒犯他的人被羞辱。

受虐狂式的敌意，除了具有防御特性的一面，还具有施虐狂特性的一面。所谓施虐狂，是指一个人用他的特权折磨他人，或令他人感到无助，以此获得满足感[①]。仇恨被压抑，再加上软弱，是施虐狂冲动的主要根源，就好比一个奴隶的复仇，他渴望的感觉是别人在他的鞭挞下全身战栗。上面所描述的辨别施虐狂倾向的先决条件，在有这种基本结构的受虐狂者身上都具备了：出于各种原因，他格外软弱，并且感觉到自己受了羞辱和压迫，心里发狠，期望以眼还眼、以牙还牙。

---

① 这个定义并不全面，比如，因为耳闻目睹某种灾难或者残酷行为时，也可能获得类似的满足感。但是无论如何，本质上依旧是欣赏自己，透过那些遭受不幸、残酷或羞辱的受害者，获得一种优越感。马奎斯德·莎德阐述了施虐狂原动力的基本要素。尼采所有的著作都是在强调这一点。后来的艾力西·弗洛姆，也在他论述权威心理学的演讲中强调了这一点。

这里还有一点理论上的歧见要说明。弗洛伊德从始至终都坚持，受虐狂倾向与施虐狂倾向两者互为表里。最开始他认为，受虐狂行为是施虐狂行为的内倾表现，根据这个他争辩说，让他人受苦是原发性的满足，然而，这种冲动也可以指向他自己。弗洛伊德的后期受虐狂观点依旧坚持这样的主张，因为有一个前提没有转变，那就是受虐狂行为仍被视为性欲本能和破坏欲本能的结合体，它表现在临床上，仍然是施虐狂冲动从他人转向自己的结果——这正是我们所感兴趣的。不过，他的这种见解倒也导出了一种可能性，即受虐狂不管怎么说肯定早于施虐狂（即原发性受虐狂）。排除理论含义先不谈，单从临床观察上来看，的确是这样的。基本的受虐狂结构很可能滋生出施虐狂倾向。但是，我们先不要急着下结论，因为施虐狂倾向绝对不单单具有受虐狂倾向的特征。这些倾向可以表现在任何非神经质原因的软弱和受压抑的个人身上。

遇到某种困难而退缩不前，这并不一定是受虐狂的行为。判断是否属于受虐狂，还要看他遇到的困难是什么，以及他以何种方式应对困难。受虐狂的畏缩和依赖是强制性的，再加上它们所带有的种种含义，他们会把鼹鼠丘看成是巍巍高山，尤其当涉及自己的意愿时，或者面临责任和危险时。有些人也许只是不想付出努力罢了，一让他努力他就退缩，比如让他做件大事他就感到浑身乏力，例如搬家、购买圣诞节所需的各种物品等。而受虐狂者面对困难时的反应，最典型的就是开口闭口的“我做不了”，很多时候里面都夹杂着一种恐惧，担心自己一行动就会受到伤害。

受虐狂者逃避困难的特有方式是找借口拖延，尤其是以生病为借口。当有大量的、烦人的工作等着他时，比如考试、向领导做解释，他就会忧心忡忡，他或许真的就因此生一场病，或者至少希望出点事故什么的。当他必须去看医生，或者必须遵从商务安排时，他就会拖一刻算一刻，暂时把所有的问题都遗忘掉。当他的家庭状况有些混乱，需要厘清时，他不会静下心来积极地去寻找解决办法，而是会麻木地等待事情会自己理顺，也不会思考目前的真实处境，最终的结果是，非但事情没有得到解决，还使自己陷入了糊里糊涂的巨大危机感中。这种逃避所有困难的态度，让他的软弱感越来越强，与实际的软弱完全不成比例，因为他无法获得本可在战胜困难的过程中所能得到的力量。

至于个人对待其他神经质倾向的态度，也取决于基本受虐狂结构。这些倾向可能与他的受虐狂倾向纠缠在一起。下面我们简单地指出一些二者间可能存在的联系。

前面已经提到过，讨论受虐狂结构必须与自恋倾向相结合[①]。它们所属的结构，大多体现为躲避被自我轻视所淹没。它们通常都是耗费大量的时间和精力，在幻想中进行的。

还有与此不同的情形，当他同时存在一个神经质抱负，而这个抱负让他觉得现实中的自己没有获得伟大的事业成就，就是一种耻辱时，他就陷入了无法走出的两难之境。一方面，抱负鼓舞人去夺取成功，另一方面，谦逊又让他害怕成功。这种特质的受虐

---

① 这句话不能倒过来说，因为没有受虐狂倾向，或者在人格结构当中它并不显著的时候，也可能产生自我膨胀。参阅本书第五章自恋概念。

狂者，会采取一种折中的方式来应对两难之境，那就是给不成功找借口，把它归咎于其他人、环境、疾病或者缺陷，等等。比如，一个女人遭遇失败会把原因推到自己是一个女人上，或者把不能胜任创造性工作归咎于日常事务太繁重。一个想当电影明星却又不敢演戏的女孩，给自己不愿登台表演找的借口是自己的身材太小。另一个没能在演艺事业中获得成功的女人，把自己的不成功归咎于别人的嫉妒和排挤。还有的人把自己的失败归因于家庭背景不好，亲戚朋友不支持他或打乱了他的计划。

这种类型的患者可能主观期望自己得某种慢性病，比如肺结核。不过，一般而言，他们又不会意识到自己期望生病是如此的热切。但是哪怕一丁点微不足道的表征都会被他拿来利用，让我们不得不这样去想。听着心跳他就能联想到心脏病；只要多上几趟厕所他就能往糖尿病上联想；只要肚子痛就觉得是得了阑尾炎。通常，这种关注态度也是疑病症恐惧的要素之一，这样的话，当心生恐惧时，第一反应就是期望得病，在他的脑海中，他会把自己的表现与病症联想得丝丝入扣。因为生病给他带来了别样的好处，这令他很难相信自己的心肺胃没有毛病。正如每个医生从观察中得到的经验,这类患者会一个劲地抱怨有人怀疑他没有生病。当然，这并不是疑病症恐惧的所有解释内容，而只是有可能在这类人身上起作用的一部分因素。

顺理成章地，神经质障碍本身也可能成为他们的借口，这一事实有可能对治疗造成不利影响。他们不希望被治愈，因为那样的话，如果工作表现仍然暴露他的实际能力不足，他就没有更好的借口了。他们害怕被考察，害怕的理由有好几种。第一，由于他有轻视自己的倾向，所以原则上他并不相信自己能做成某件事；第二，为成功而努力奋争，在他看来似乎等于自找麻烦；第三，他隐隐约约地感觉到，无论是手头的工作还是未来的成功都没有什么吸引力。相比而言，与其累死累活去做一项备受瞩目的、毫无意思的工作，还不如用一种更轻松的方式（幻想）去实现更具吸引力的目标呢。所以他往往更喜欢继续以神经质障碍为借口，而让自己的伟大理想只停留在幻想中。这种现象在精神分析中常常被解释为不愿改变现状，比如，因为有受难需求的缘故。这种解释让人难以信服。比如说，患者在疗养院疗养，或者是出去观览风景，这些情况下都不会有责任感或义务感，也不会有他人意愿或自己意愿的压迫，这种时候他的感觉会很不错。我觉得这样说才更准确一些，这些患者既希望康复，又不愿让这种希望成为现实，因为康复就意味着失去了不积极地对待人生、不实现抱负的各种借口。

受虐狂倾向也能与权力专制欲望、控制欲需求结合在一起。简单来说，我们都知道，受虐狂者往往是借助自己的受苦和无助来实施控制。他的亲人和朋友因为害怕激起他的绝望、沮丧、孤僻、功能性紊乱等，所以很可能会屈从于他的愿望，但是他们也常常能认识到，他的这些行为只是他的策略。艾尔弗雷德·阿德勒指出了无意识策略的重要性，这是一项重大的功劳[①]，然而他把这种解释当成是毫无破绽就有点浅薄了。若想理解一个神经症患者为什么非要达到某一目标，为什么非要用特定的几种方式才能达成这

① 参阅阿尔弗雷德·阿德勒《理解人性》(1927)。

一目标，我们就必须理解整个结构。

最后我们谈一谈受虐狂倾向与强迫性外表完美需求间的结合。弗洛伊德认为，自我谴责之所以能与外表完美需求联系在一起，是因为“超我”的惩罚力量导致了受虐狂式的屈服。我已经强调过，这些倾向本身并不是受虐狂的表现形式，而是取决于性格结构的另外的因素[①]。它们或许可能出现在受虐狂倾向突出的人身上，在这种情况下的自我谴责，是形式上的自我谴责，即是说，他沉溺于内疚感，利用体验痛苦来获得补偿。正常人拥有内疚感时，会坦然承认自己的过失，并且努力去纠正，但是对于受虐狂倾向突出的人来说，他们缺乏这种内在的能动性。

受虐狂倾向突出的人利用体验受苦来获得补偿，实际上也是遵循着一种文化模式。许多宗教就流传着一种方式，用牺牲来换取救赎。在我们的文化中，基督教的教义就奉行承受苦难可以赎自己的罪；连刑法对罪犯的惩罚也体现为让其受苦，只是最近才以教育取代了这一原则。这些模式与受虐狂结构是何其相似，因此受虐狂者才利用这些模式。他心甘情愿地受苦，以此作为对自己的惩罚；他乐此不疲地谴责自己，以此作为对自己的鞭挞。但是很显然，它们实际上是无效的，因为这种甘愿受罚，并不是出自真正的内疚感，而是出自于重建他的完美形象的需要，依然是为强迫性完美需求服务的。

这种人可获得的满足感的性质，也是由基本受虐狂结构所决定的，它们可以是性欲的，也可以是非性欲的，前者体现在受虐狂

---

① 参阅本书第十四章神经质内疚感。

幻想和反常行为中，后者体现在沉溺于痛苦和无用感中。

这一事实令我们困惑，因此为了理解受难为何能带来这一现象，我们就必须首先认识到，大凡可以产生满足感的途径，几乎都与受虐狂类型息息相关。受虐狂者会竭力避免去参加那些具有建设性的、需要做出自我主张的活动，因为那些活动都易令他们产生焦虑，使得本来拥有的满足感也一扫而空。除了领导性、开创性的工作以外，能够扫空他的满足感的，还包括独立完成工作任务，或为目标做计划和努力等。另外，他们不太可能因为自己的成功或者别人的认可而感到高兴，因为他们有强制性的谦卑。最后，受虐狂者也不太可能心甘情愿为某项事业而拼搏。一方面，他焦虑重重，处处疑心，还严重地以自我为中心，但是另一方面，他又完全没有自己的立场，必须依赖“伙伴”或者其他人，所以，让他发乎自愿地全身心融入某件事，或把自己交托给某个人，基本是不太现实的。

他既不能自发地、积极地爱别人，又不肯接受这种现状，二者的冲突必然给他的爱情生活带来伤害。为了实现一些需求，他不得不依赖某些人，但是又不能产生合拍的兴趣、需求、规划等，无法生出自发情感。他对别人的爱远远不及他对实现抱负的渴望。所以，本来能够在爱情与性生活中获得的满足也遭到了扭曲。

与此同时，本可能得到的满足被削减得更加所剩无几了。实际上，他们只能沿着寻找安全感的道路去寻找满足，而这些方式我们都已经不再陌生，它们都具有依赖、谦逊的特征。但是，实际上还有一个问题，仅仅依靠依赖和谦逊是得不到满足的，通过观察我们发现，只有当这些态度走到极端时，他们才能体验到满足感。比如，受虐狂在性欲幻想或变态性行为中，除了屈从伙伴之外，还如软泥一般沉浸入自己的天地里，体验被强暴、折磨、羞辱、奴役的感觉。同样的，如果谦逊走到极端的话，也会给他带来满足感，比如，沉沦于自我鄙夷，把自己迷失在“爱情”或牺牲中，不记得自己的身份，丧尽了自己的尊严。

为什么必须通过走极端才能获得满足呢？这就好比对伙伴的依赖，虽然依赖对受虐狂者来说是一种生存条件，但是依赖并不能带给他有分量的满足感，因为依赖带给他的更多是冲突和痛苦的经历。我们要抛弃常规的错误认知，在这里我郑重重申，痛苦的经历也好，冲突也罢，这些都不是受虐狂者想要的或喜欢的东西，他们和正常人一样觉得它们是令人痛苦的，只不过在他们眼里这些都不可避免罢了。我们在讨论受虐狂基本结构的时候，就提到过令受虐狂关系不合拍的原因，现在有选择地重复一些：受虐倾向突出的人讨厌自己的依赖习惯；他对伙伴的期望极度过分，以至于最终必定以失望和怨恨收场；他必定会觉得自己受到了不公平待遇。

如此一来，唯有消除冲突，并让自己感受不到痛苦，他才能从依赖关系中获得满足。对于受虐狂者来说，有几种方法可以缓解他精神上的痛苦，并且消除冲突。总体看来，依赖所带来的冲突，无非是软弱与强大的冲突，主张与退缩的冲突，自轻与自大的冲突，而他解决这些冲突的特定方式，就是在反常行为和幻想中抛弃所有的自尊心、尊严和力量，让自己没有自我，而只做一个软弱的依附者。受虐狂者往往就是通过加剧痛苦并彻底臣服于痛苦，来缓解精神上的痛苦的。当他因为依赖而变成伙伴手中的工具后，通过体味伙伴给他带来的凄惨，他就能够获得性满足。这是因为，他的轻视自我的痛苦，在沉沦于羞辱的时间里是麻痹着的，并且还可能转变成一次令他满意的性体验。

大量观察表明，让情感完全沉浸在痛苦当中，那些本来无法忍受的痛苦反而得到了缓解，并且还会转变成一种快感。对此，一个善于观察自己的患者有着深刻的体会。他说，当他遭受鄙视、责备，遭遇挫折时，明知它们是痛苦的，却甘愿让自己深陷进悲惨的痛苦里。他隐约间知道自己可以走出痛苦，却就是不愿走出，因为他觉得悲伤也是一种诱惑，令他无法抗拒。当受虐狂倾向与强迫性的外表完美需求相结合时，偏离完美形象所带来的痛苦，也是用同样的方式来解决的。知道犯了过错让自己感到痛苦，但是加剧这种痛苦，让自己沉迷于自我谴责，或者沉沦在羞耻的情感中，这种痛苦就被麻醉了，还能从自我轻视的泥沼中获得一种满足感。这一类的受虐狂式的满足与性欲并无关联。

为什么能够通过加剧痛苦来缓解痛苦呢？我曾经对这个过程的运作规律进行过描述，这里就照搬原文。在谈论似乎自愿加剧痛苦的时候，我说道：这种痛苦看不出有什么明显的好处，也不会让旁观者回以同情，更不可能把自己的不快转嫁到别人头上，从而可以暗自幸灾乐祸。但是神经症患者却能够得到一定的好处，只不过性质有所不同而已。如果说某一个人怀揣着雄心大志，觉得自己非同一般，那么当他竞争失利，或者情场失意，再或者必须承认自己软弱或者有缺陷的时候，他必然会觉得难以忍受。但是，当他对自己的评估十分低微时，也许就不会在乎成功或失败，优越或卑微了。沉迷于痛苦或者自卑，并夸大这些痛苦，就会令那些不快的经历失去一些现实感，继而就可以缓解那些无法忍受的刺痛。这个运作过程包含着一种辩证哲学，即量积累到一定程度就会引起质的变化。放在这里，这个原则的含义就是，虽然苦难令人感到痛苦，但是如果让苦难更加猛烈，到达一个极致的时候，也许就会像鸦片一样能够麻木痛苦。

这种获得满足的方法，所利用的原理就是，让自己彻底沉沦或着迷于某事。对它的分析是否还能更进一步我不知道，但我知道我们可以将它与一些我们熟知的经验联系起来，以揭开它不为人知的一面。比如，由对大自然的向往，由对音乐的痴迷，由对事业的热衷，无论是什么，所引起的宗教狂热、性欲放纵、情感崇拜等。尼采称其为狂欢倾向，并且认为这是人类获得满足的基本途径之一。鲁思·班尼迪克特[①]以及其他人类学家则指出，许多文化模式中都有它的影子。体现在受虐狂者身上，因为受虐狂基本结构不允许其他形式的满足出现，于是就只能沉迷于依赖痛苦，或者沉溺于自我鄙夷。

我们回顾最初的问题，受虐狂是不是一种追求性欲满足的具体行为？能否将它定性为普遍意义的追求满足的行为，或者特定的通过受苦来追求满足的行为？我的结论是，所有的这些追求都不是核心追求，而只是受虐狂现象的某些方面。因为个人心存恐惧、

---

① 参阅鲁思·班尼迪克特《文化模式》(1934)。

孤苦无依，所以不得不依靠谦逊、依赖来对抗生活以及生活中的危险——这才是受虐狂者的核心追求。至于他以何种方式维护自己的意愿，以何种方式表达敌意，以何种方式为自己的失败找理由，以何种方式对付同时存在的其他神经质需求等，统统取决于这种源自于基本需求的性格结构。同时，它也决定了他所追求的满足是什么，以什么样的方式去追求。受虐狂幻想的性欲满足与实际的反常行为，同样取决于这种基本结构。这就是问题最值得争论的地方，受虐狂的反常行为并不能用来解释受虐狂的性格结构，但是，可以用受虐狂的性格结构来解释受虐狂的反常行为。受虐狂者并不愿受苦，他与普通人一样，但是他的性格结构注定了他要痛苦。他偶然获得的满足不是痛苦本身，而是在痛苦和自我鄙夷的苦海中沉沦所获得的癫狂快感。

所以，对受虐狂者的治疗任务就是，阐明其性格倾向，不放过任何细节，揭示出它们与相对立的倾向间的冲突。

第十六章　精神分析疗法

精神分析疗法在很大程度上受理论概念的影响，它既非源自直觉，亦非质朴的常识所能控制，理论概念在很大程度上决定了应该去观察哪些因素，应该重视在神经质的产生、持续及治疗中的哪些因素，应该把治疗目标当作是什么。一个新理论的诞生必定给治疗方法带来一场革新。我所遗憾的是，该书的框架限定了我在本章所能做到的详细，所以多少要漏掉一些相关的东西。在本章中我将讨论精神分析治疗中具体要做哪些工作，以及治疗目的、治疗因素、患者和分析者共同面临的阻碍、何种精神因素能帮助患者克服其困难等。

我们先来简单地了解一下构成神经质的基本要素，以便更好地理解上述那些因素。人在少年时，所处环境中所有的不利因素纠缠在一起[①]，致使他与别人相处时出现困难，同时也不能够正确地看待自己。由此进一步发展，导致了一个最直接的结果，那就是我们通常所说的基本焦虑。基本焦虑是一个综合概念，它是对复杂感受的一种描述：呈现在眼前的世界危机四伏，充满敌意，而自

① 有关体质因素对个人的影响这里我们不予讨论，一来它与精神分析疗法没有太大关联，二来更是因为我对这方面的了解实在太少。

己是那般地无助、孤独，脆弱不堪。小孩必须找到一个妥善的方法来应对这种基本焦虑。他所选择的方法就是这种特定的环境条件所赋予的方法。我称这些带有某种强制性的方法为神经质倾向，因为这些方法在个人看来是必须严格遵循的，唯有这样才能在生活中保护自己，而避开四处潜伏的危机。至于其他方法，虽可能带给他满足感，但同时也能带给他焦虑，因此他只能把这种方法（神经质倾向）当作唯一的寻获满足和安全的方法，久而久之，他会越发地依赖，越发被其控制。另外，神经质倾向还有一个作用，能够让他发泄对这个世界的怨恨。

这类带有神经质的倾向，对个人而言虽说具有一定的价值，但也对他以后的发展产生了恒久的不利影响。

普遍而言，由这类神经质倾向所带来的安全感犹如泡沫，稍有不慎，个人就很容易跌落焦虑的泥潭，不可自拔。然而越是如此，个人越是固执，总是以不变的方式来应对新的焦虑，如饮鸩止渴一般。或许，刚一开始这种矛盾的追求就出现了，也可能某个固执的追求又引发了与它对立的另一个追求，还可能某种神经质倾向本身就十分矛盾，暗含冲突。产生焦虑的机会在这种不协调的追求下大大增加，因为不协调本身就意味着危险，即两种追求互相敌对。所以，总的来说，神经质倾向会使得个人愈发远离安全。

另外一点，神经质倾向还使个人与自己也疏远。这一事实，再加上固执的人格结构，实际上已经为他的创造力带来了摧残。或许他还有工作的能力，但是发自真实自我的富有生机的创造力源泉却定然被阻塞。同时他也因为获得满足感的机会十分渺茫，并且这种满足感通常都是局促的、局部的，因此他会变得怨念重重。

神经质倾向的初衷虽是为了提供能与他人交往的机会，但是实际上它们会进一步损害人际关系。因为神经质倾向助长了对他人的依赖，并且形形色色的敌对反应也被激发。

在这种情形下发展出来的人格结构实际上就是神经质的核心。即使它千变万化，但也万变不离其宗，基本特征仍是追求、倾向都带有强迫性，它们本身便是冲突的，只会带来更多的焦虑，以至于自我和他人的关系被损害，成就与潜力不符，相差悬殊。

一般意义上的神经质症状并非神经质的本质要素，而通常会被看作神经质分类的标准。比如，恐惧、压抑、疲惫等，这些神经质的症状或许压根就没有表现出来。若是出现的话，它们就是神经质人格结构自然产生的——只有站在这个基础上，我们才能够真正理解它们。实际上，神经质症状与性格的联系并不是很明显，它就像是性格之外的一种东西，而神经质性格障碍显然与人格结构相关，两者的区别就在这里。就好比，神经症患者的怯懦明显是源自于性格倾向，但是他的恐高症显然不是。后者只是前者的表现罢了，在他的恐高症当中，所有的恐惧都集中转移到了同一种因素上。

根据上面对神经质的解释，似乎能够证明有两种精神分析疗法是不正确的。首先一种，它在没有了解具体性格结构的前提下，就妄图直接理解整个症状的一切。若是纯粹由环境因素引起的神经质，有时候确实能够直接处理那些出现的症状，只要把它们与实际冲突联系起来就好。但是，对于慢性神经质来说，从一开始我们就对它了解得很少，更不要说是窥其全貌了，它是所有现存神经质症状共同作用的结果，比如为什么某个人会出现梅毒恐惧症，为什么另一个人又会患上食欲亢进，为什么第三个人又会有疑病症恐惧，这些我们都不知道。对于精神分析者来说，即便不能直接理解病症的症状，也应该知道为什么不能够直接理解它。一般而言，妄图立即解释症状，就已经算是一种失败了，最起码也是在浪费时间。最应该做的是先理解性格倾向，待看清他们的真面目后再回头来解释。

患者经常会不满意这种步骤，而是希望自己的症状能够立刻得到解释，认为这样做是不必要的耽搁，并可能因此产生怨恨。然而，导致这种怨恨的深层原因，往往是他不希望别人窥探他的人格隐私。基于此，分析者应该尽自己的努力，将这一步骤的原因坦率告诉患者，并且分析患者对此的反应。

另一种错误的方法是，它将患者现实的怪癖与幼年时的经历直接联系起来，并且迫不及待地就确立了二者间的因果关系。在精神分析治疗中，弗洛伊德最大的兴趣就是把患者的现实障碍追根溯源到本能源泉以及婴幼儿时期的经历，这一步骤恰恰符合弗洛伊德心理学的本能论和发生论。

弗洛伊德的治疗方法就是依据这一原则的，它有两个大目标。若我措辞不严，还请宽恕——如果我们把弗洛伊德的本能内驱力以及“超我”，同我称之为“神经质倾向”的东西相互对比，那么弗洛伊德的第一个目标就是，认定存在神经质倾向，比如，因为存在自我反责和自我拘束，他就可能得出结论说，患者有一个强大的“超我”（表面的完美需求）。接下来，他的第二个目标就是要将患者的神经质倾向与他的婴幼儿经历联系起来，并在这个前提下解释所有的这些倾向。一旦涉及“超我”，他的第一个兴趣就是认定患者身上一定有父母的禁忌仍在起作用，继而揭示恋母情结（性方面的联系、敌视态度、求同作用），他笃信正是这种关系造成了现在的情形。

我对神经质的看法是，主要的神经质障碍都是由神经质倾向所导致。所以我在治疗过程中的主要目标就是，先要摸清患者的神经质倾向，然后逐步揭示它们的效力以及对患者的人格和生活起到了何种影响。我们仍以外表完美需求作为例子，我想做的第一件事就是理解这一倾向对个人所产生的作用（可消除与他人的冲突；创造优越感），继而了解该倾向对患者的人格和生活产生了何种影响。后一种研究能帮助我们理解（比如说）为何个人一方面几乎不由自主地去迎合别人的期望与准则，另一方面又迫不及待地想要推翻这些期望和准则；为何这两种矛盾的倾向又会导致疲惫和懒惰；为何个人表面上彰显自己的独立，扬扬自得，但实际上却几乎事事依赖他人的期望和意见；为何个人在忌恨别人的期望的同时，又会因为没有得到这些期望的引导而感到失魂落魄；为何个人总是惊惧不安，生怕别人发现他的道德追求实际上仅仅趋于表面，与生活中所表现出的格格不入；为何这又反过来令他对批评极度敏感而选择疏离他人。

我同弗洛伊德的观点不同的地方在于：在认定有神经质倾向之后，他的主要关注点是它们的起源，而我的主要关注点却是它们的实际功能，及其产生的效应。其实两者的目的只有一个，都是要消除神经质倾向对患者带来的影响。弗洛伊德认为，只要让患者认识到他的神经质倾向只是幼儿期倾向的残留，他就会主动意识到这些倾向已经不再适合现在的成人人格了，从而便有了掌控它们的能力。我已经在前面讨论过了这种观念的错误根源。弗洛伊德认为导致治疗失败的原因——比如无意识内疚感太过深沉，自恋癖难以发觉，生物内驱力不可撼动——其实在我看来根本就是因为他的治疗方法所依据的前提是错误的。

我认为通过梳理神经质倾向，令患者的焦虑大幅度减轻，他与别人乃至与他自己的关系就会得到良性转变，这样无形中就摆脱了神经质倾向。产生神经质倾向的根本原因，必然是童年时敌视并且畏惧这个世界。如果针对神经质倾向所导致的后果，也就是实际的神经质结构进行分析，能够令他有所选择地交好他人，而不再一味地敌视别人；如果他的焦虑能够得以消除；如果他拥有了内在的动力源和自发能动性，那么他就不再需要那些安全措施了，而完全可以遵循自己的判断来解决生活中所遇到的难题。

患者追溯童年寻找病因，并非统统基于分析者的建议，通常患者本人也会自主地提供病因方面的材料。只要是患者主动提供的与病因相关的资料，对于掌握倾向的本质就助益良多。然而，如果患者潜意识中想要快速确立一种因果而利用这些资料，那么这种倾向的本质就让人捉摸不透了。他之所以如此，往往是想借此逃避真正的倾向，不敢直面它。我们可以理解，患者的兴趣并非是想认清这些倾向的不和谐，也并非想获悉自己为此付出了多少代价——直到分析时，他的安全感和期待的满足感，仍然是寄托在对上述愿望的追求上的。他宁愿自己完全不知情，自己的冲动不是看上去的那么迫不及待，那么不协调；宁愿相信无须改变什么就可兼而得之。所以，当分析者想要探求那些倾向的真实含义时，他就会找各种借口来反抗。

若是患者自己意识到他探寻病因的努力再无前路，那么分析者最好进行干预，并且指出即便所忆起的儿时的经历与现在的倾向有所联系，它们也无法解释为何这些倾向一直持续到了现在。分析者应该向他解释：他所好奇的东西最好不要把它们当成是原因，首要的任务是先搞清这些具体的倾向对他的性格乃至生活造成了怎样的后果。

当然，着重于对现在性格结构的分析，并不代表关于童年经历的资料就不重要。实际上，我所描述的分析流程并没有刻意追求重构童年情境，但是它却能更清晰地帮助我们了解患者童年时的困难。根据我的经验来判断，无论是用旧的分析方法，还是用经过修改的分析方法，那些已经忘记了的记忆一般而言很少重现，反倒是那些失真了的记忆经常能得以矫正，从而令某些貌似不相干的事情联系起来，拥有了重大的意义。患者能借此渐渐地了解自己的发展过程，这有助于他重新找回自我。而且，了解自己，对于患者来说，能够令他平心静气地看待父母以及对父母的回忆，能够明白父母也是深陷矛盾不得而已，即便伤害他也是无奈之举。最重要的一点，当患者不再痛苦于曾经所受到的伤害，或者至少看到了克服该痛苦的办法，他就会逐渐消除之前的怨恨心理。

在这一过程中，分析者所采取的办法，很大程度上是弗洛伊德教导我们的那些，即自由联想结合解释，让无意识过程进入意识；通过研究分析者与患者的关系来认识患者与其他人关系的性质。在这个问题上，我与弗洛伊德的分歧点主要体现于以下两组因素：

第一，我的解释有别于弗洛伊德的解释。这是因为，把何物看作本质因素，就会得出相应性质的解释[①]。在本书中，从头到尾我都在讨论这方面的差异，因而在这里就不再赘述。

第二组因素并不是很明确，所以阐述起来比较困难。举例说，分析者操作时所采取的方式是主动还是被动；分析者是否敢于做出价值判断；对患者的态度是鼓励还是反对，等等。这其中有些方面已经在前面讨论过了，而另一些在前几章中也有所提及，因此这里只是简略地将重点概括一下。

依照弗洛伊德的观点，他认为分析者担任的角色应该相对被动一些。他建议分析者能够“无所倾向”地倾听患者的自由联想，而不能偏听偏信某些细节，还要避免掺入自己的主观意志[②]。

弗洛伊德自己也认识到，分析者不可能真正的完全被动。最起码他要做出解释，而解释必然影响患者产生联想。例如，当分析者重构过去的倾向时，患者会不自觉地被引诱着追寻过去的种

① 参阅费伊 · B. 卡普夫《动态关系治疗》，载于《社会工作技巧》(1937)。

② “……他应该让自己的无意识迎向患者正在焕发的无意识，就像电话听筒迎着电话机一样，就像接收器一样。声波转换为电流，电流震荡由电话听筒重新转为声波，在交流的过程中，治疗者应当将自己无意识的大脑去指引患者联想的无意识。”（参阅西格蒙德 · 弗洛伊德《对精神分析疗法和治疗人员的建议》，载于《论文集》第二卷。）

种。除此之外，当分析者发现患者总是躲躲闪闪，不敢正面触及某些话题时，他也会积极地去干预。可是在弗洛伊德看来，最理想的分析情境就是分析者由患者牵着鼻子走，而只有在分析者认为时机到了时，才对患者提供的资料进行解释。在这一治疗过程中，分析者也会对患者产生影响，这本身就是治疗的一种效果，所以说，理想终究只是理想，无论愿不愿意承认。

我的观点恰恰与其相反，我认为分析者应当在治疗过程中担当向导角色。当然，与弗洛伊德主张担当被动角色一样，我的这一说法同样不能单一地依赖，因为通常情况下都是患者来决定分析的走势，而把自身最主要的问题通过自由联想展现出来。

除此之外，在治疗过程中，大部分的时间里分析者只是做解释，而不做其他事情。其实解释包含很多方面，比如，患者没有意识到它的存在，但却以复杂的、伪饰的方式提出来的问题，我们要辨别清楚；现存的矛盾，我们要指出来；当了解患者的人格结构后，我们要提出相应的解除办法，等等。如果这样做，几个小时内患者就会有所收获。但是，如果我们确定患者钻了牛角尖，就要立即把他唤回来，去尝试另一条路。当然，我会分析他为何更愿意走那条路，也会指出为何我要让他走现在这条路。

我们以一个例子来讨论。假设某个患者深刻意识到，他事事都要求自己必须正确无误，他甚至开始怀疑，为何它对自己如此重要。如果遵循我的治疗方法，应当毫不隐瞒地告诉他：一般情况下，走直线路径并不能寻找到问题的答案，最好是先认清这种倾向给他带来了什么，它在当中起了什么作用。虽然这样会让分析者冒更大的风险，担更重的责任，但是，说到究竟，分析者必然是要担当分析责任的，而做出错误建议并因此而浪费时间的风险，与不加干涉的风险相比显然更小一些。如果我实在觉得给患者的建议并无把握，我就会坦言这是一次尝试。即便我的建议仍然没有触碰到问题的核心，患者至少会觉得我是在同他一起寻找解决方案，这样的话他就可能更加积极地与我合作，一起来印证或纠正我的建议。

分析者除了应当积极干预患者的联想方向，而且还应当主动影响那些可能会帮助患者克服神经质障碍的精神因素。患者的任务亦并非轻松。它意味着要剔除或修正一直以来主宰他的安全欲望和满足欲望，意味着要将那些在他眼里十分重要的泡影统统扎破，也意味着要整个地调整与其他人的关系。能够驱动患者做这些艰难工作的力量又是什么呢？多半他们是想要摆脱那些十分明显的神经质障碍，也可能是希望拥有应对某些环境的能力，还可能是因为感觉到自己的人格发展有所欠缺，想要渡过某一难关。但是，很少有人是因为希望更加开心而来接受分析治疗的。可以说，驱动患者的力量之源以及它们的价值因人而异，可是并不妨碍我们主动将其利用起来，以用于有效的治疗。

不过，必须认清一点，所有的这些内驱力并不是表面上看起来这么简单[①]。患者更希望用自己的方式来达到目的。或许他希望在不触碰人格的前提下就摆脱痛苦的纠缠。或许他希望自己更有能耐，或者说希望自己的才能得到更好的发展，这种愿望通常都是

---

① 参阅H.南伯格《康复期望》，载于《国际精神分析杂志》(1925)。

取决于他对分析抱以的期望，他可能是期望分析能够让他更加完美地维持他正确、优越的表面形象。即便他表现出的是快乐追求（这在所有动机中是最卓有成效的），我们也不能只看表面，因为患者心目中的快乐，原则上是要实现所有冲突、矛盾的神经质愿望。在分析的时候，所有的这些动机都会被增强。即便是一些非常成功的分析案例中，这种情形也经常可见，可是分析者却没有给予特别的关注。由于激活或强化动机对治疗有着格外重要的意义，因此分析者很有必要厘清造成该种结果的因素，并予以引导、分析，以便令其发挥作用。

分析的时候，患者有强烈的愿望想要摆脱痛苦，因为即便症状可能有稍许减轻，但是他已然逐渐意识到，因为自己的神经质而额外承担了那么多的痛苦和困难。分析者有必要把神经质倾向所造成的这些后果耐心陈述于患者，以便帮助患者认清它们继而不满意自己，但是这种不满意是良性的。

况且，只要剥去了外层的伪装，完善自身人格的欲望就有了一个坚实的基础。好比完美主义冲动，或许可以转变为真正地希望自己的潜力得以发展的愿望，无论这些愿望是天赋才能还是普通才能，如亲和力、爱心、助人为乐等才能。

最为重要的是，这样一来追求快乐的欲望也愈发强烈了。大部分患者只知道自己能在焦虑的范畴内得到些许满足，但是他们从来也没有，也不敢敞开胸怀去体验真正的快乐。这当中有一个重要的原因就是，神经质者完全困囿在自己对于安全的追求中，暂时地摆脱比如焦虑、失落、偏头痛等，他就会感到满足，而且在很多情况下，他会觉得自己必须在别人面前保持“大公无私”的虚伪形象，甚至也要欺骗自己，因此尽管实际上他自私自我，却不敢把自己的私欲表现出来。他或许还希冀快乐能自动落到自己头上，就像洒落的阳光那样。还有一个更深层次的原因就是，他看起来如同一只吹起来的气球，或是一个被操控的木偶。他可以扮演一个成功的猎人，也可以扮演一个成功的偷猎者，但就是不能做他自己。然而，快乐的前提，首先就是要拥有自身的引力中心。

分析有以下几种途径可以增强追求快乐的欲望。首先，分析可以削弱患者的焦虑，以此释放他的能量与欲望，而这些能量与欲望追求的不再是完全没有风险的安全，而是生命中比较积极的东西。其次，分析能够揭开“大公无私”的假象，而显露出它的本质——恐惧、追逐虚名。我们应该格外注重针对这一表象的分析，因为这样的话，患者追求快乐的欲望能够更有效地得以释放。再次，分析能够帮助患者逐渐认清一个事实，期望快乐自动找上门来是不现实的。享受快乐是一种悟性，但是快乐的源泉是自己。仅仅对患者陈述这些是毫无意义的，因为这都是耳熟能详的真理，他早已知道，但因为没有实际的依仗，这些事实在他看来却是他无法触及的，而精神分析恰恰能够令它变得鲜活，拥有实际的获得途径。比如，一个想通过爱情和爱侣关系获得快乐的患者，通过分析认识到，于他而言，“爱”在他的潜意识里仅仅只是一种关系，他可以借此关系从爱侣那里得到他所想要的一切，可以随意使唤自己的伙伴。他还会认识到，自己在期待“无条件的爱”的同时，又会让自己的内心世界封闭起来。只有意识到自己欲望的本质，意识到他们不可能实现，更重要的是意识到这些欲望，以及他对挫折的反应给他的关系所带来的真实后果，他才能最终意识到，只要付出足够的努力重新焕发自己的内在能动性，他就能自然而然地得到快乐，而完全无须用一种绝望的心态渴望通过爱情来得到快乐。最后，患者离神经质倾向越远，就越能激发自己的自发性，拥有自我，也就越能令他人相信他有追求快乐的能力。

还有一条途径能够唤醒并增强患者的改变欲望。即便患者对精神分析知之甚详，但他或许仍会抱着一个错觉不放，认为分析就是要去揭自己的伤疤，尤其是那些早已被埋葬在过去的东西，而且，这种错觉好像还有一种神奇的效果，能让他暂时感觉不到与这个世界的冲突。分析的目的是令他的人格焕然一新，若是他能够考虑到这个事实，他就会渴盼这种改变能够自动出现。

关于看到某个不理想的倾向，和行动起来改变某个不理想倾向的区别，这样的哲学问题我不予讨论。但是患者却在不知不觉中逐渐区分开了意识和改变，相信大家可以理解这其中的主观原因。患者会接受分析者的观点，认为必须意识到那些被压抑的倾向，尽管具体实施的时候他一直在与自己的进步抗争着，然而，对于患者必须改变自己这一观点，他就坚决不认同了。显然患者并没有对此有过深切的思考，当分析者让他接受他必然要改变自己这一事实时，他或许就会惊诧不已。

部分分析者会把这种必然性向患者指出来，而另有一部分分析者在某些方面却与患者持同等态度。我的一位同事在进行分析时，我在旁监督，然后发生了这样一件事。这件事或许可以用来说明一些问题。患者指控我的那位同事，说他想要改造和改变他，然而我的同事却辩驳说自己没有这样的意图，他只是想揭开某些精神方面的事实。当我问那位同事是否对自己的话信心十足时，他承认自己的话并不完全真实，实际上他觉得企图让患者改变是不合理的。

这个问题一旦摆出来，就显得非常矛盾。所有的分析者听说自己的患者变化很大都会感到自豪，但是他又不肯承认自己有意期待患者的人格发生改变，更别说明确地告诉患者了。他更加倾向于撇开关系，称自己的所作所为或所想，只是想让无意识的过程进入患者的意识，至于患者在更好地了解自己之后又发生了什么，则与自己无关了。我们可以用理论来揭示这种矛盾的本质。首先，在多数人的认知中，分析者属于科学家，唯一的任务就是观察并收集资料，然后提供它们。

其次，“自我”这个概念的效力也非常有限。人们最多相信它有自动运作的综合功能[①]，但因为它的能量被认为是来自本能，因而也被认为它拥有自己的意志力。理论上来说，分析者并不相信利用意志力能够办成什么事，因为通过我们自身的判断，会认为如果想要办成某件事，就必须用理智去做最正确的事。所以他才有意无意地避免去激活意志力，不朝那个有利于它的方向走。

当然，关于患者的意志力在治疗过程中所起的作用，我们不能说弗洛伊德对它视而不见。他也间接地认识到了，所以才说必须激活患者的判断能力，取代压抑，换句话说，我们要把患者的智

---

① 参阅 H. 南伯格《自我的合成功能》，载于《国际谨慎分析杂志》(1930)。

慧也当成一股力量，与我们一起来完成工作，患者的理性判断能让他产生想要改变现状的意志冲动。事实上，每一个分析者都离不开患者身上的这种冲动。比如，当分析者能让患者相信他身上遗留有“幼儿期”倾向（比如贪婪或固执）并且这种倾向有害无益时，患者就会焕发出克服这一倾向的意志冲动。问题的关键是，意识到做了，与有意识地去做，这两者哪个更加可取。

精神分析中激活患者意志力的方法，就是让他意识到某些动机和关联，以便他能够自己做出判断和决定。至于要做到什么程度才能取得这样的成果，就要看患者领悟的深度了。在精神分析文献中，有关于“脑”领悟与“心”领悟的区分。弗洛伊德明确指出，脑领悟实在太弱，远不足以令患者下定决心[①]。事实的确如此，患者从分析者给出的结论中知道自己有过某一早期经历，与他情绪上切实感受到这一经历，中间有着相当大的差别。同理，仅仅言称自己有死亡欲望，与他真正感受到死亡欲望的存在，同样有着本质的差距。然而，尽管这样的区分有一定的好处，可是对于“脑”领悟来说似乎有失公允，好像“脑”或多或少就带有“浅层次”的含义。

“脑”领悟能否提供强大的动力源，关键还看领悟对象是否有

① 患者若想同分析中所展现的、由压抑激化的冲突做斗争，就必须拥有一个强大的动力，来支撑向往已久的恢复健康的决心。否则，以前出现的问题还会再反复出现，并且默许那些主观意识所允许的因素再次回到压抑之中。该冲突中起决定性作用的不是智力，它没有那种穿透力，且不够强大，不够灵活，做不到这一点，真正起决定性作用的是他与治疗者的关系。[参阅西格蒙德·弗洛伊德《精神分析概论》(1920)。]

足够的说服力。我设想中的领悟层次,几乎每个分析者都有过经历,正好可以来阐明。患者有时候能够意识到自己的一些倾向，好比说虐待狂倾向，而且清晰地感知到了它们的存在。然而若干星期以后，他就会忘得一干二净，再谈起，跟新发现没什么区别。这当中发生了什么呢？并非因为缺乏情感层次的领悟所致，更应该说是因为受虐狂倾向的领悟分量不足，只是单纯的领悟而已。为了使它变成一个整体，必须有以下几个步骤：首先，必须了解哪些表现是受虐狂倾向的伪装外衣，它的强度如何；其次，必须了解在哪些情境下它会冒出来，以及会带来什么样的后果，比如引发的焦虑、压抑、内疚感、与他人关系的障碍等。只有领悟层次深入到这个范畴，并达到这样的精准度，它才会有强大的力量来使患者调动尽可能多的能量，并真正下定决心改变自己。

唤起患者的自我改变意愿，它的效果从某种程度上来讲，与医生告诫糖尿病患者想要康复必须节食的效果一样。医生把饮食不合理造成的后果告诉患者，并且让他看清楚自己现在的身体状况，无疑能够激发患者的能量。不同的地方在于，分析者的工作任务相对来说要艰难得多。医生能够通过诊断准确了解患者的害病原因，患者该或不该做什么他都了如指掌。但是分析者与他的患者却不能清晰地知道是何种倾向导致了何种障碍，患者的莫名恐惧与过度敏感都是分析者的敌人，他们要走许多弯路，须穿透迷雾重重的文饰作用，排除各种不可理喻的情绪反应，最终才能拨开云雾见日月，捕捉到本质的联系。

有了改变的决心还不够，它虽意义重大，但是并不等于有能力改变。只有找出患者的人格结构中导致他的神经质倾向出现的因素，才有可能让他摆脱这些倾向的控制。因此，精神分析法要把这种刚刚激发出的能量利用起来，让它在接下来的分析中一路护航。

患者或许自己就会采取行动，进行更进一步的分析。比如，他可能更加仔细地去观察，是哪些条件诱发了虐待狂冲动，他会渴望分析这些条件。部分患者可能仍然存有心理压力，恨不得立刻根除所有的令人烦恼的倾向，他们会试图依靠一己之力就控制虐待狂冲动，然而一旦控制不了，他们就会心灰意冷失望至极。若是遇到这种情况，我可能会跟患者解释，只要他仍然感到自己软弱无能，仍然感到自己受压抑，仍然动不动就觉得屈辱，那么他就没有可能真正控制虐待狂倾向。还有一点要让他明白，只要他生出控制倾向的念头，他就势必生出报复心理，生出击败他人的冲动，要想真正克服虐待狂倾向，唯有通过分析洞悉产生这种倾向的精神根源才有可能。既然身为分析者，就必须进行这项深入的工作——越有这样的觉悟，就越能解除患者的无谓失望，越能把患者的努力引入正途，变得有效。

弗洛伊德把道德判断、价值判断都驱逐于精神分析的兴趣与能力之外，这意味着在治疗当中，分析者必须施予包容。精神分析的主张与此不谋而合，它自视是一门科学，就必须展现无拘无束的原则，这是自由时代某一阶段的特性的体现。事实上，现代自由人风行的特征之一就是避免价值判断，不去冒险承担由此带来的责任[1]。冷静、宽厚的包容心，被认为是分析者的必备素质之一，因为这将决定能否令患者意识到最根源的被压抑的冲动和反应。

然而有一个问题是，真的能够获得这种宽容吗？分析者能够保证自己是一面镜子，真实地映照别人而不添加自己的色彩吗？在前面对神经质文化的含义进行讨论时，我们就知道这是一个永远无法达成的梦想。神经质既与人类的行为、动机有着扯不断的关系，那么，在社会和传统评价的潜移默化之下，它将来所要面对的问题，以及它所瞄准的目标，都已成为定局。弗洛伊德自己也没有古板到去恪守这样的理想。他鼓励患者去肯定自己的某些看法，比如对当今社会流行的性欲道德价值的看法。他也排除患者的怀疑，令他笃信真诚对待自己确实是一个有价值的目标。事实上，当精神分析被弗洛伊德称作再教育时，就已经与他的理想背道而驰了，他被一种幻觉所诱导，认为教育是可以不言自明的一套东西，至少不需要评价与衡量。

哪怕分析者没有意识到自己有价值判断，但是他却无法否认它的存在，因此那言之凿凿的所谓包容如何让患者信服？分析者的真实态度是什么，患者是能够感觉出来的，无须分析者正儿八经地表白什么。分析者表达某事件的方式，认为什么是理想品质，或认为什么不是理想品质，都在流露着自己的态度，无法瞒过患者。比如，当分析者郑重其事地说必须分析一下由手淫引起的内疚感时，就等于是在暗示他并非认为手淫万恶，手淫并不是构成

① 精神分析的包容概念，提出其社会学基础的是艾力西·弗洛姆，首见于她的《精神分析疗法的社会条件》，载于《社会研究杂志》(1935)。

内疚感的真正理由。同理，当分析者称患者的倾向为“寄生”倾向，而不是“接受”倾向时，也等于是把自己的判断暗示给了患者。

所以，包容只是一个理想化的说法，不可能真正达成。当然，分析者越是措辞小心，就越能离它近一些。可是，从避免价值判断的角度来看，追求这种理想有什么价值吗？关于这个问题，可能就会仁者见仁智者见智了，个人的观点和策略决定了对它的看法。反正，我个人觉得，杜绝价值判断这样的理想，是不可能培养得起来的，还不如直接推倒的好。神经质者在心理压力的强迫下，会觉得自己必须用道德伪装、寄生意愿、权利追求等来武装自己，继而发展和维护它们，对于这种态度即便给予再多的理解与包容，也并不能妨碍我把它们视为真正获得快乐的拦路虎。或许肯定这种态度应该被克服，反而有利于完全理解它们。

我实在怀疑，这种理想能不能担得起我们对它寄予的治疗价值的期望[①]，这种期望就是，分析者的包容确实能够减轻患者对谴责的恐惧，继而让他的思想回归自由，让他的表达方式变得灵活。

表面上看起来，这种期望不无道理，但实际上根本无效，因为它并未考虑患者惧怕谴责的真实原因。患者惧怕的，不是那些令人厌恶的倾向被看作不堪，而是怕整个人格都受到牵累，被认作不堪。同时，他也害怕别人不留情面地谴责自己，而对这种不良倾向背后的原因完全不予同情。再者，他一面惧怕别人谴责他的某个特殊品质，一面又根本分不清他惧怕什么。由于他害怕别人

---

① 参阅艾力西·弗洛姆《精神分析疗法的社会条件》，载于《社会研究杂志》(1935)。

的心理加剧，或者整个价值体系失衡，他就会产生每做一件事就受一次谴责的期望。至于他的真实价值与真实缺陷，完全不自知，真实价值被他幻想得完美无缺、独一无二，而缺陷则被压抑，于是，他不能分辨是什么原因令他受到谴责，是合理的私欲呢，还是批评的态度，抑或是性欲幻想。神经质者的恐惧因为有着这样的特性，所以根本不用怀疑，分析者刻意装出的客观不但不能减轻这种恐惧，还会令它加重。如果分析者的态度在患者眼里一直暧昧难明，而且有的时候他明显感觉到站在了分析者的对立面，而这种对立又让他不能接受，那么他潜在的对于谴责的恐惧势必被强化。

理所当然的，若想消除这些恐惧，就必须先对它们进行分析。能够减轻患者恐惧的方法，是让患者认识到尽管分析者不赞同他的某些品质，但是分析者却不会谴责他。我们不需要包容，说准确一点儿，我们不需要装出来的包容，需要的是有所裨益的友谊。感觉自己身处于友谊的氛围之中，就无须遮掩某些缺陷，即使被发现也无损对于优秀品质和潜能的崇尚能力。但是这并不是说要在治疗过程中不时表扬一下患者，而是说，要指出患者某些倾向中不切实际的方面，同时真心诚意地相信一些倾向中美好的、真实的成分。例如，明确区分何为良好的批评能力，何为不分场合恣意妄语；区分何为自尊，何为自大；何为诚挚友好，何为虚情假意、故作大方，这些都是非常重要的。

或许，也会有人站出来反对，说这些都并不重要。我知道他们反对的理由，因为患者在某些特定的时候，会以自己的情绪色彩，去涂抹分析者的真实态度。但是我们要记得，把分析者看成是危险怪物，或者看成是人中龙凤，都并不是患者的全部态度。或许，可能某种情感更为突出一些，但是并不能抹杀另外的一部分，尽管它并不是时刻显露，它的真实感却从未变质。当分析进行到后期阶段，患者也许就能够清晰地意识到，自己对分析者有两种截然相反的感觉了。比如，他可能会说："我深信不疑，你并不讨厌我，可是我又往往觉得你好像在憎恨我。"所以说，让患者了然分析者的态度，对于减轻他对谴责的恐惧非常重要，另外，他还可能借此认识到自己身上存在的投射作用。

根据精神病学的历史，在古埃及，或者是古希腊，就已经有了"医疗科学"范畴的精神障碍概念和"道德"范畴的精神障碍概念了。大致来说，"道德"范畴的概念通常会占据主导地位。然而，弗洛伊德与他的同代人，为"医疗科学"概念赢得了伟大的胜利。这个胜利我们应当永远铭记在心。

但是，我们的目光不能仅仅停留在精神疾病的内部结构上，实际上，精神疾病确实涉及道德方面的问题。在神经质者的身上，我们常常能看到一些特别优良的品质，比如，富有同情心，对于他人的痛苦感同身受；面对冲突时，能够理解对方；不愿受传统准则的束缚；美学嗅觉十分灵敏；对于道德评价特别敏感。当然，他们身上也有一些品质让人怀疑其真实性。因为存在恐惧和敌意，更加强化了同样起源于神经质过程的脆弱感，这令他们变得怯懦、以自我为中心、不诚实，甚至可说是虚伪。尽管事实上他没有意识到这些倾向，可它们确实存在，而且深受其苦——这正是治疗者所关心的问题。

与之前流行的精神分析的态度相比，我们现在的态度要做出改变，我们要换种眼光，从另一个角度来重新看待这些问题。我们都知道，神经质者生下来时与普通人一样，后来的懒惰、贪婪、虚伪、自负这些都并不是婴儿时期就有的，是不利的童年环境逼迫他们建立起一个密不透风的自我防御体系与满足体系，进而导致了一些不利倾向的发展。所以，我不觉得这是他们本身的过错，换句话说，精神障碍中的医学概念和道德概念，它们并不是全然对立、有我无他的矛盾双方，道德问题同样是精神疾病不可分割的一部分。所以，帮助患者澄清这些问题，也应当纳入我们的治疗任务。

然而，因为某些理论假设的存在——这些假设主要体现在“力比多”理论和“超我”概念中——道德概念在神经质中实际所起的作用，在精神分析里变得说不清道不明。

实践中提出的道德问题，一般都是些假道德问题，因为患者需要它们，需要形象上的完美，需要优越感来支撑自己。因此，我们要做的第一步，就是揭示道德伪装，并且去探究它们对患者产生的实际作用。

另外的方面则是患者的真实道德问题了。对于这些问题，患者会竭尽全力去掩饰，比任何人都迫不及待。完美主义和自恋现象就是因为起到了掩饰它们的屏障作用，所以才变得必不可少。患者若想摆脱双重生活的折磨，并摆脱由它而带来的焦虑和压抑，就必须看清这些问题的性质。因此，分析者对待道德问题时，就应当像对待反常性欲一样，必须坦诚。只有让患者有勇气正视它们，他才能采取针对它们的立场。

弗洛伊德认为，那些基本的神经质冲突，必须要靠患者自己的决心来解决。那么，有一个看起来很眼熟的问题，我们应当有意鼓励这一过程呢，还是顺其自然比较好呢？多数患者在看到一些问题后，会自发地采取一种立场。比如，有的患者在看清为自己带来诸多不幸的特殊自尊的真面目后，会自发地将它称作“伪自尊”。但是一些深陷其中的患者，却没有能力做出这样的判断。在这种情况下，暗示他最终必然要做出决断，就非常有必要。举个例子，一位患者说自己特别羡慕那些取得了成功的人，并用了整整一个小时叙说他们如何地不择手段，然而，接下来他又用了一整个小时来辩解，声称自己只是对自己作品的题材感兴趣，根本不在乎成功。这种时候，分析者就要当面指出其中的矛盾，而且还要做出暗示，让患者认识到他必须决定自己真正想要的东西。不过，关键是要督促患者分析什么东西将决定他要走上什么样的路，在哪种情况下什么东西是他必须放弃或必须得到的，我不赞成草率而肤浅的决定。

分析者只有在达成一个必要条件的基础上，才能够在治疗中采取这样的态度，那就是他除了友好外还必须发乎真诚地对待患者，他必须首先澄清自己的问题。假若他自己藏匿着假象，也就等于是在保护患者身上的假象。分析者的“说教式分析”应当脱离狭隘，毫无保留，而且对自己也要不断地进行分析。如果说分析者的主要任务是帮助患者解决实际问题，那么这种自我理解就是分析别人的必要前提。

在结束精神分析疗法的讨论之前，我想针对上述新方法与分析时间的长短有没有联系做一番探讨。

一个分析疗程需要多长时间（以及它的成功率）是由综合因素决定的，比如隐藏了多少焦虑，当前有多少破坏性倾向，幻想在他的生活中占了多大比例，自我放弃的倾向有多么严重等。有各种标准可用来粗略预估时间长度。其中，我最为感兴趣的有：能够发挥正面作用的能量到底有多少，包括过去的和现在的；生活中他的愿望有多少，当然，这里指积极方面的；以及可供利用的更高层面的精神能量。如果后面这些因素是有利因素，那么对于解决实际问题就会非常有帮助。或许有许多这样的人并不需要系统分析就能有所收获。

至于针对慢性神经质应该做的工作的范围和种类，我正试图去大致说明一些。唯有深入探究更多的细节,才有可能发现复杂情况。工作的意义与难度决定了我们不可能快速完成它。所以弗洛伊德才会反复强调，神经质能够快速治愈，与病症的严重程度是相对应的，这句话迄今适用。

人们为缩短分析疗程提出了各种建议，比如设定一个结束的时间（这多少有点武断），或者让分析过程间断进行。这些尝试偶尔确实有一定效果，但是离它们预期的目的还相当遥远，有可能永远也达不到，这当中的原因是，它们并没有将实际应该完成的工作考虑在内。我觉得，有一个办法比较明智，想缩短分析时间就要避免浪费时间。

我认为没有任何捷径能直通这个目标。如果我问一位机械工程师为什么一下子就能找出机器中隐藏的缺陷来，他可能会告诉我，因为他对机器非常了解，再加上通过对实际故障的观察，所以才能不浪费时间在错误的方向上，而直接指出毛病出在哪里。我们必须承认，尽管在过去的几十年，我们在人类精神领域做了大量的研究工作，但是与机械工程师对机器的了解程度相比，我们就像是刚学走路的婴儿一样。或许我们永远也无法将它研究得如机械工程师那般精确无误，但是，通过我自己的分析、监督分析得到的经验让我坚信，我们对精神问题的理解越深刻，寻求结论时浪费的时间就越少。因此，我们应该有信心，只要不停地认知，不断地前行，我们就能逐渐拓宽精神分析所涉及的问题范围，并且能够在合理的时间内解决这些问题。

那么，什么时候结束分析比较恰当？我再次告诫，不能依赖表面迹象和某个孤立的标准来寻找一些简单易行的办法，如明显症状消失了，能享受性爱了，梦的结构改变了，等等。

这个问题又牵涉到了个人的处世哲学。我们真的要偷懒，拿一个能解决所有问题的成品出来吗？如果我们觉得这是可能的，那么我们真的该为此欣喜若狂吗？或者，我们是否认为生命是一个发展的过程，不到末日来临就不会结束，至少不该结束？正如我在这本书里自始至终强调的，神经质者在自己的追求和反应中把自己变得机械、呆板，因而个人发展被阻断，遇到苦难和冲突后，无法凭借自身的力量脱困。因此，我始终认为，分析的目的并不在于让患者的生活不受危险和冲突的侵扰，而在于通过分析治疗最后让他能自己解决这些问题。

但是，什么时候患者才能主宰自己的发展方向呢？答案与精神分析疗法的终极目的是一致的。在我看来，消除患者的焦虑只不过是通往成功的途径，而帮助患者恢复自己的自发性，让他找回自己的判断能力，才是真正的目的，概而言之就是，让他能从自己身上获得勇气。

图书在版编目（CIP）数据

精神分析的新方向 /（美）霍尼著 ；梅娟译. —南京：译林出版社，2016.8（2025.2重印）
（卡伦·霍尼作品集）
ISBN 978-7-5447-6384-4

Ⅰ. ①精… Ⅱ. ①霍…②梅… Ⅲ. ①精神分析－研究 Ⅳ. ①B84-065

中国版本图书馆CIP数据核字（2016）第098780号

书　　名 精神分析的新方向
作　　者 〔美国〕卡伦·霍尼
译　　者 梅　娟
责任编辑 陈绍敏
特约编辑 申丹丹
出版发行 凤凰出版传媒股份有限公司
译林出版社
出版社地址 南京市湖南路1号A楼，邮编：210009
电子信箱 yilin@yilin.com
出版社网址 http://www.yilin.com
印　　刷 北京天恒嘉业印刷有限公司
开　　本 960×640毫米　1/16
印　　张 16
字　　数 145千字
版　　次 2016年8月第1版　2025年2月第6次印刷
书　　号 ISBN 978-7-5447-6384-4
定　　价 34.80元